大展好書 好書大展

性的漫談

蘇燕謀／編著

大展出版社有限公司
DAH-JAAN PUBLISHING CO., LTD.

耶和華上帝就用亞當身上所取的肋骨，造成一個女人，領他到亞當跟前。亞當說：「這是我骨中的骨、肉中的肉，可以稱他為女人，因為她是從男人身上取出來的。」

因此，人要離開父母，與妻子好合，二人成為一體。

（舊約聖經『創世紀』）

1 性不是汚穢的

▼你會看這本書，表示對「性」有興趣。對性有興趣，是一個正常人的正常心理。人類有兩大本能，一是生命的維持，一是生命的延續。要維持生命，必須有食慾，而要延續生命，就有賴性慾了！既然食慾是正常的，那麼，性慾也是正常的，而性活動，更不是汚穢不潔的。人類成長到相當的年紀，就會對異性感到興趣，也開始有了性的慾望，這是人類延續生命、生兒育女的第一步，如果人類對性完全不感興趣，今天也不會有你有我了！

▼在本質上，人類的性與動物的性並沒有不同，不過若要仔細比較，還是有若干的差異。其中之一，就是人類會為性感到煩惱，尤其是年輕人，往往會因為性方面的問題而庸人自擾，甚或擔心受怕。事實上，這根本是不必要的。遠古以來，人類的老祖先也沒有這方面的

專門知識，還不是好好的繁衍了衆多的子孫？在我們的社會中，大人們不願意談性的問題，小孩子們也不敢隨便亂問，以致有了錯誤的觀念時，大人也無從去矯正。

▼過了二十歲之後，無論是男是女，都會認識一些可能會成為終身伴侶的異性，碰到意中人，心底會覺得很興奮，也會覺得很幸福，此時切莫太性急，只要恰當的表現你的好感，以自然的方式交朋友，對方自然會察覺到。

▼本書的目的，是要提出與性有關的各種事物，有科學的、社會的、風俗的、不只是人，也論及動物、植物。也許你會覺得太複雜，但是集思廣益，可以消除性的偏見。但願讀者看了本書之後，能了解身心的變化和生長的常識，做一個快樂的成年人。

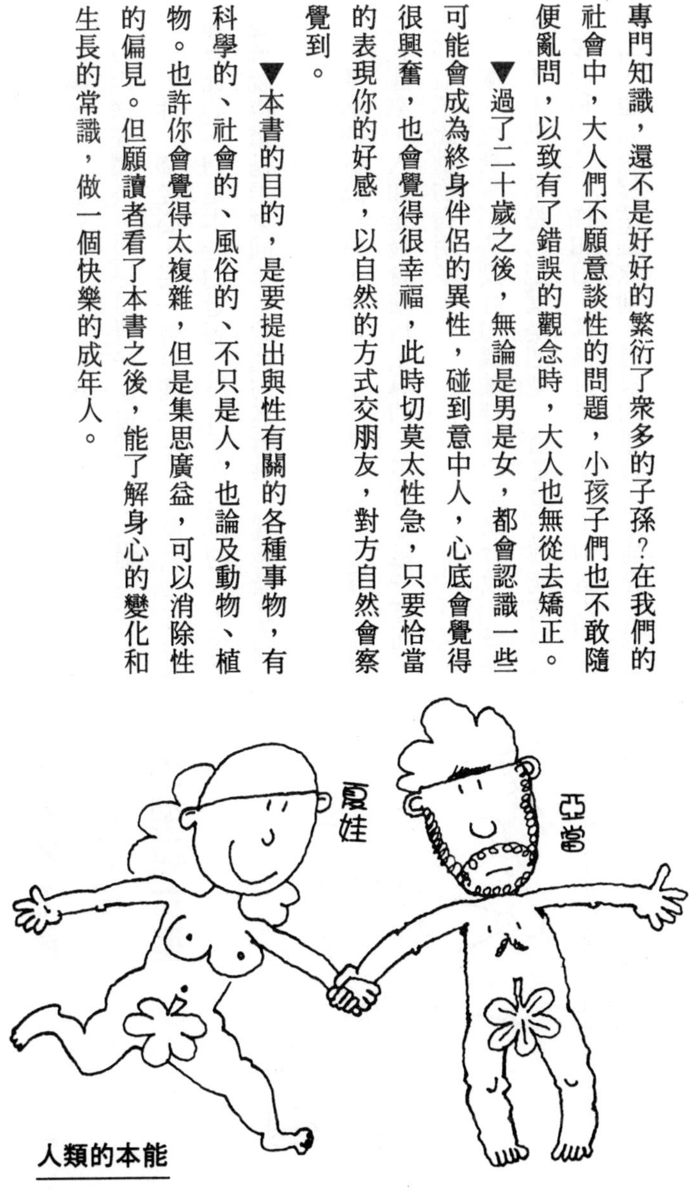

人類的本能

2 所有的工具都可分成男型與女型

▼提到性器，不免令人想到男人的陰莖和女人的陰戶，事實上，這只是人體生殖器的一部分，並不是全部，只因露在體外，可以看得見，所以會以這兩種為代表。

「性」字從心，另一旁是個「生」，意思是生出來即有此心，乃是本能的意思。沒有受過教育的人，一樣也會曉得這是怎麼回事，我們的老祖宗，就是最好的例子。

▼講的實際一點，性器只是生殖活動的工具，和動物比起來，人類是最會使用工具的，但是在這一方面，人類並不比動物高明多少。

▼一位從事工業設計和機械設計的專家曾說，幾乎所有的工具，不是凸型就是凹型，這是最有效能的組合，像碗和筷子，杵和臼，螺絲釘等。造物主創造人的性器時，也是根據這個原則。這樣的組合，才能產生最大

的功能。

這種例子很多，男性性器的棒型，女性性器的器型，這種組合亦可說是天衣無縫。

▼無論那一種工具，都有好壞之分。一位研究機器工學的專家說：

「最好的工具是與人成為一體來發揮功能，使使用者能成為最好的技術人員。」

我們根據這番話，可以引申為：「性器在由衷相愛時使用，才能發揮真正的功能，才會產下好的孩子，而好孩子可以使父母成長！」

道具的原型

3 最少講的，最了解

▼十六世紀法國的蒙太金尼（Montaigne）說過：「最不常被寫或說出來的，乃是人們最了解的！」他所指的是性。直到現在，這種情形並沒有改善多少。

一般人在涉及性器的名稱時，都以「那個地方」、「那裏」、「下面」……等來代替，以為這樣講比較含蓄，事實上這樣反而曖昧，還不如直接了當以醫學名詞來稱呼，比較清楚，而且不會比那些代名詞更令人彆扭。

▼我們先來看看男性的生殖器和功能。精子是由睪丸製造出來的，睪丸有兩個，都裝在陰囊中，這裏是男性身體的要害，不幸受到撞擊，其疼痛難以言喻，睪丸製造出來的精子，要花上兩個月半的時間通過那長三十公分的輸精管，抵達精囊中，精子與前列腺分泌的液體混合形成精液，貯存在該處，待受刺激時，由陰莖的尿

道射出。

▼女性方面的性器，不像男性那麼單純，最重要的是子宮，這是受精卵發育成胎兒的地方。子宮末端與陰道（膣）相連，陰道的出口之前，有處女膜，出口外側有小陰唇和大陰唇。陰唇的上方，有陰核。子宮兩側有卵巢，其間以輸卵管和子宮相連。

女性的陰部有兩個開口。一是尿道口，一是陰道口，尿道恰好在陰核的下面，而陰道是在陰唇的下面。不像男性的生殖器，只有尿道一個開口。

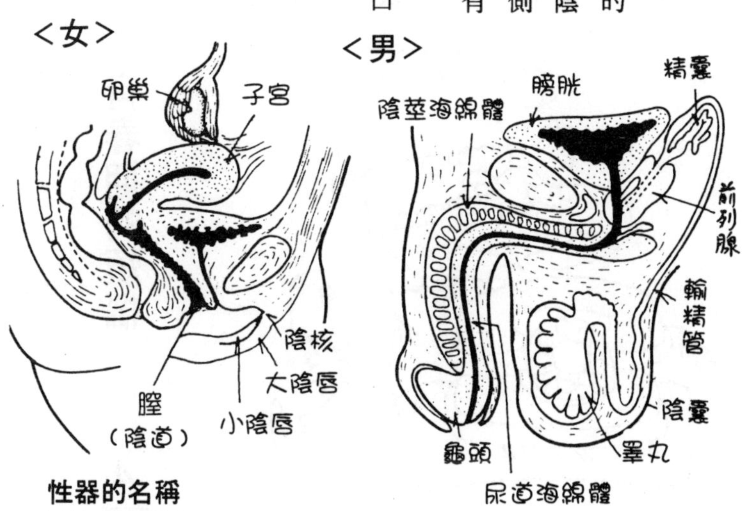

性器的名稱

4 青春期的煩惱

▼青春期的少男少女，難免都會有煩惱，但是又難以向父母開口詢問，結果悶在心中，使得原本美好的青春時光變得暗淡，只要有任何疑問，都應該想辦法解決，最好的方法，就是找真正的專家或醫生，不要胡思亂想，也不要看一些不正當的書籍，那些錯誤的觀念往往會帶來不良的影響。我們下面看看青春期的煩惱有哪些？

▼「我已經念高中了，可是陰莖還是跟國中的時候一樣，都沒有長大，我有點擔心！」

「我的陰莖足足有十二公分長，可是我才念國中，是不是太大了些？要是愈長愈大，怎麼辦？」

「我的陰莖勃起時都頂到自己的肚子了，這樣算不算正常？」

「我的陰莖往右彎，是不是手淫的方法不對所導致的？有沒有方法可以弄直一點？」

「我是高一的女生，到現在乳頭還沒有突出，我覺得很不安。」

「我的乳房左右大小不同，右邊的心較大，如果右邊的繼續長大，豈不畸形？」

「我的陰部顏色發黑，到底正不正常？」

「我才國三，可是胸圍已有八十七公分，太引人注目了，有沒有方法弄小一點？」

「我的男朋友和我單獨在一起時老是動手動腳，怎麼辦？男人為什麼如此好色？」

▼諸如此類的問題，實在都不是問題，因為每個人的發育有遲有緩，情況也各有不同，上述的情形，都是正常的，根本不用擔心。

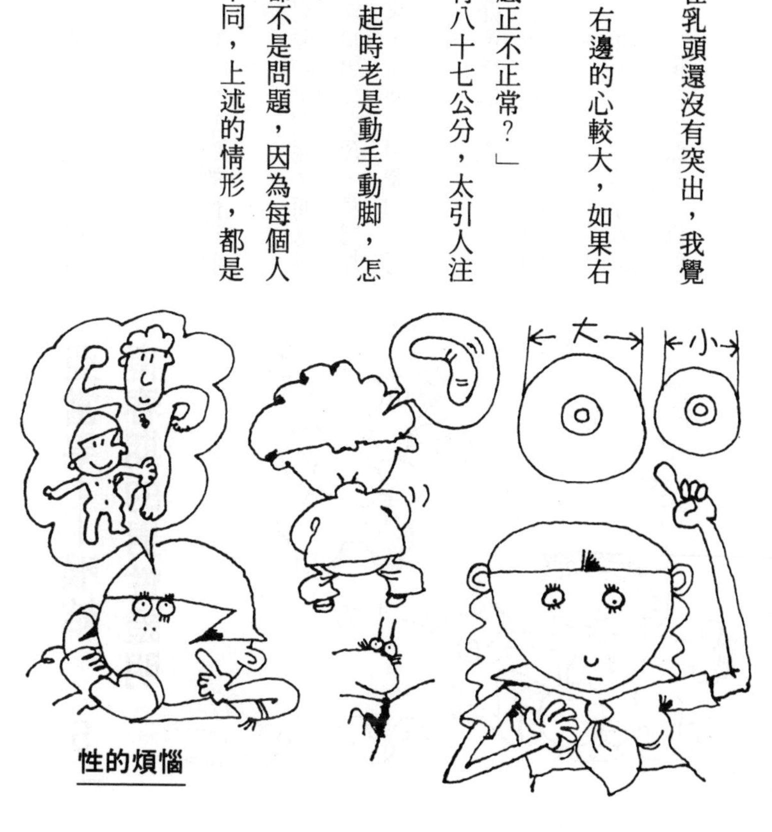

性的煩惱

5 亞當果——喉結 青春期的男性證明

▼「啊！小寶寶好可愛，大大的眼睛，紅紅的臉蛋，好漂亮的小妹妹啊！」

「對不起，我的寶寶是男的。」

你有沒有上述的經驗？的確，嬰兒和幼兒的性別並不顯著，所以難免會搞錯。

▼男女在哪個年齡，才會有明顯的差別呢？通常是在青春期的時候。在這個時期，無論男孩女孩，身體都會開始有變化，女性是初潮的到來，女性荷爾蒙的分泌漸漸活潑。

男生的外表上，最大的改變是喉結的出現。

▼以醫學上的名稱來說，喉結乃是喉頭甲狀軟骨的隆起，女生也有喉結，但是並不明顯。

▼美國人和英國人管喉結叫「亞當果」，它的來源出自於聖經，是說亞當趁神不在時，偷吃了禁果，剛好

神在這時出現了，他一嚇，結果把果子卡在喉嚨上。從此以後，他的子孫就有了「亞當果」。這是醫學尚不發達時代的宗教式生理學解釋法，不足為信。

▼喉結的作用，乃是在拉扯聲帶肌肉質膜。使聲音變粗，男生到了青春期時，喉結會往前後、上下、左右急速地脹大，因此很明顯地突了出來，而他們的聲音，也開始變得粗而低沉。

▼第二性徵的出現，使男人更像男人，女人更像女人，這是少年男女趨向成熟的前奏，以故，青春期實在是個相當重要的時期。

男性的證明

6

儘管快慢不同，結果却是一樣

▼「我今年國二，前幾天和同學去洗溫泉澡，當大家都以裸體相向時，我發現每個人都有陰毛，就是我沒有。而且我的身高是全班第三矮的，我每天都吊單槓，拼命運動，希望能長高一點，但是好像沒什麼用，我非常的擔心，請問有沒有好方法？」

▼在回答問題之前，我要先說一個某棒球教練的故事。這位教練自小就熱愛棒球活動，但是一直到國中，個子都是全班最小的。好在他並沒有因此灰心失望，仍繼續練棒球。結果在進入高中之後，他的身高突飛猛進，一下子變成大高個。原來在國中之後，他的身高比他高的，後來都比他矮了。

▼少年到了青春期，生長的速度會突然增強（尤其是身高）然後在一段時期之後，不再高，這在醫學上，稱之為「衝刺」（spart）。每個人的衝刺期都不一樣

，有的人早，有的人晚，遲速之間，有的要相差四年。一般說來，女生要比男生早兩年，因此國一、國二時，女生平均要比男生高，但到國三以後，男生不但趕上，而且會超過。衝刺期開始得早，結束也早。所以，男生的衝刺期晚，卻也結束得晚，而且也較長。有的人拼命長，到高中時已經一百八十多公分了，還有繼續長高的趨勢。

▼國中時代太矮小的人。如果為這個問題擔心不已。不妨去看醫生，照X光，醫生會告訴你詳細的情形。

▼「衝刺期」並不只限於身高，身體的其他方面也一樣，包括第二性徵，因此，不要庸人自擾，到時候自然會發育。如果老是為這個問題而煩惱不已。反而會阻礙身體的發育，應該放輕鬆點。

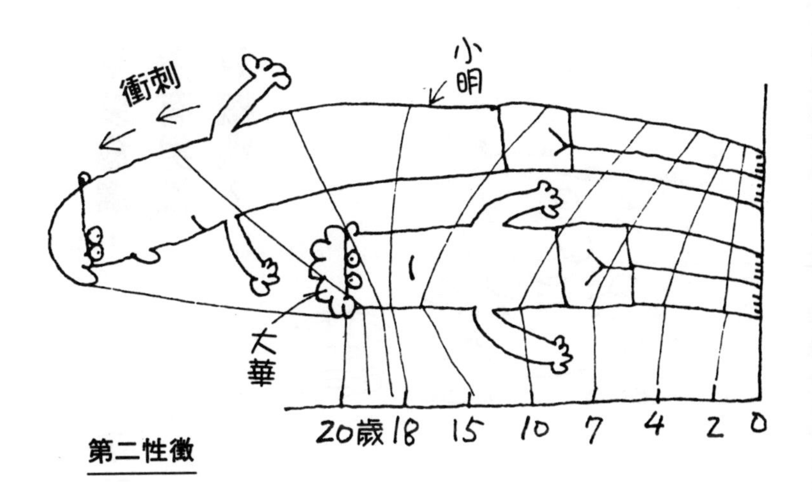

第二性徵

7

毛髮愈濃，愈有男性氣概嗎？

▼人類的成長是緩慢的，而不是急遽、突然的。可以說，是在不知不覺中長大成人。

▼陰毛也是長大成人的一種重要象徵，也是許多人關心的一個問題。陰毛又叫恥毛，長在性器的上方，形狀通常是倒三角形或菱形，一般說來，到十六、七歲時，陰毛都已長全了。至於其疏密，往往因人而異，又濃又密不一定好，稀稀疏疏也沒什麼不好，為此煩惱乃是不智之舉。

▼青春期中會長出來的體毛，除了陰毛之外，還有腋毛。男性則加上一項腿毛，有的胸部也會長出胸毛。更明顯的，是臉上開始長鬍子。

▼這些毛髮，也會給人帶來煩惱，常常有人說：「我沒有腋毛，怎麼辦？」事實上這個世界上沒有腋毛或沒有陰毛，大有人在。

陰毛生態學

▼小孩子有時會問：「為什麼爸爸有鬍子，胸前又有好多毛，媽媽怎麼沒有？」在回答這個問題之前，我們必須了解人體的體毛和頭髮之生長與人體內的荷爾蒙有關，而女性體內，含有微量的男性荷爾蒙；男性體內，也含有適量的女性荷爾蒙。

人的體毛，像鬍子、胸毛、腋毛和陰毛，是男性荷爾蒙所控制生長的，女性因為體內的男性荷爾蒙少，所以只有腋毛和陰毛。

但是頭髮，卻是女姓荷爾蒙的作用，因此，很多女生有一頭又濃又密的頭髮，卻沒有陰毛或腋毛。這也是為什麼禿頭的人都是男性的緣故。

▼了解這些之後，相信你不會以毛髮來論英雄了！

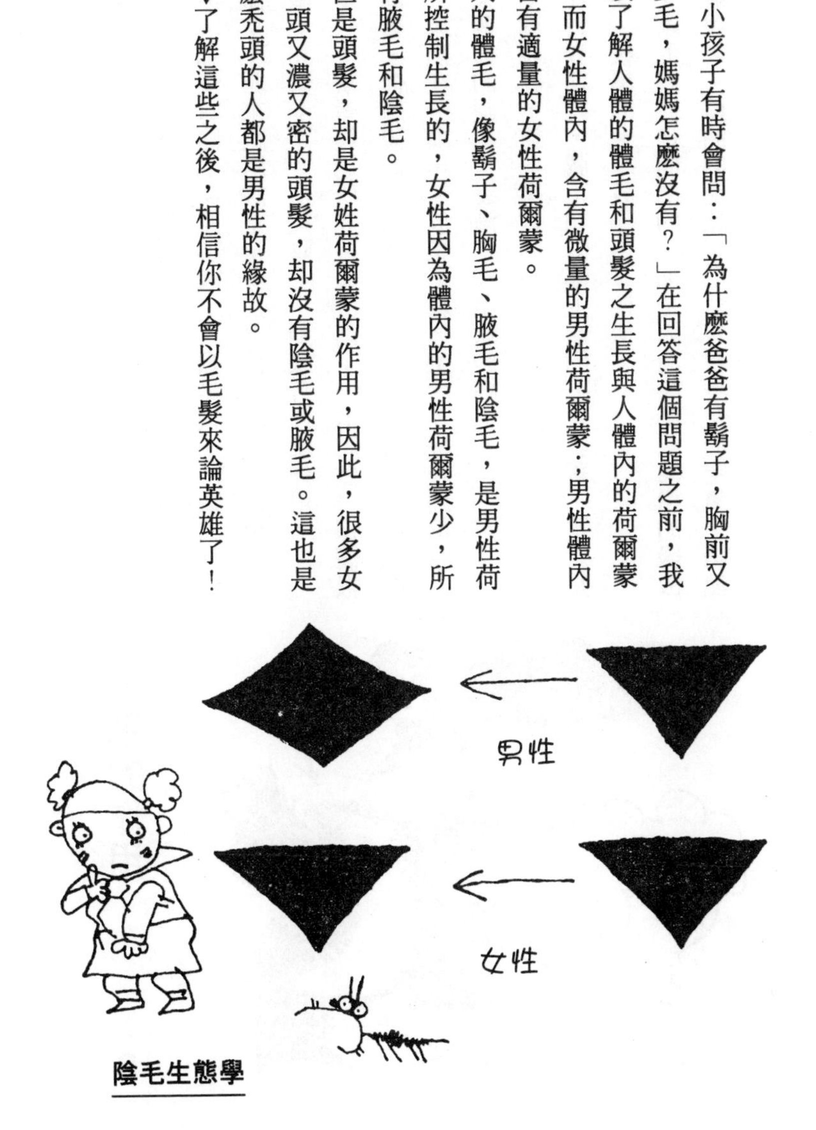

8 陰毛的作用

▼人體的陰毛，都是曲捲的。而且很奇怪，所有的哺乳類中，只有人類有陰毛。其他的哺乳類，雖然全身都是毛，却沒有陰毛。照理說，人類是猴子一類的動物進化而來，原來也應該是全身長著長毛的，為何現在只剩下腋毛和陰毛了？這些陰毛，到底有什麼作用？

▼一位學者經過研究之後，寫了一本叫做『裸體猴子』的書，他所說的「裸體猴子」就是人類。根據他的推測，人類在一萬年前放棄了森林生活，移居到草原上，原來遍佈的硬毛，逐漸變成柔軟的細毛。

▼到現在，這些柔軟的細毛已成為所謂的汗毛了！人類在青春期時，腋下和陰部上端的毛會脫落，重新長出較硬、較黑的毛，成為第二性徵。

▼陰毛為何是曲捲的。那是因為該部較潮濕的緣故。一般說來，捲曲的毛比直毛含有較多量的空氣，隔熱

效果好。這也是人體的神奇之一，因為我們必須將陰部隱蔽，老是將其悶在衣服下面，所以陰毛變成曲捲的，以製造一點隔熱效果。要是原始人，就沒有這種煩惱，也不需要隔熱，因為他們只圍一點樹葉獸皮，通風良好得很。

▼至於陰毛的作用，倒是衆說紛紜，有人說是在於保護性器；有人說是保護該處皮膚，因為性行為的摩擦太激烈，不加一層體毛，皮膚會擦破。也有人說陰毛的作用乃是在於貯藏氣味，因為人類不像其他的動物有發香腺，只有汗腺，為了保存個人獨特的氣味，所以在隱密的部分產生陰毛和腋毛，這些體毛的作用，就是貯存氣味，吸引異性。

▼全身的長毛進化成柔軟的汗毛，有人認為其原因是長毛易有寄生蟲，也有人認為長毛會阻礙性的樂趣，所以才逐漸退化成近乎無毛的狀態。

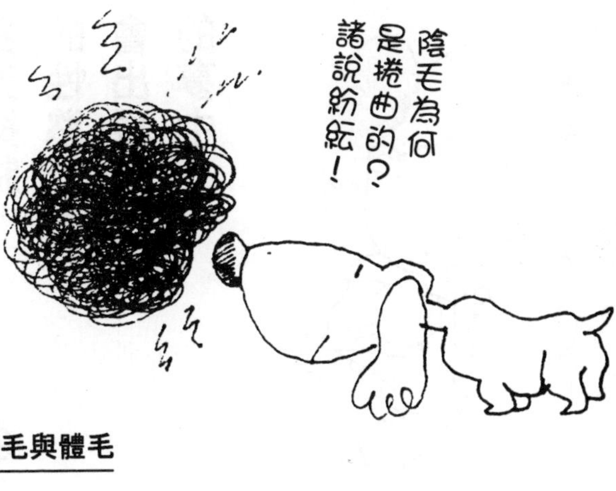

陰毛與體毛

9

白天抑制的性慾，會出現在晚上的夢中

▼「我昨天晚上特別留意，不要像前天那樣遺尿了，可是今天早上起來，發現內褲又濕了。不過，好像不是尿，好奇怪！」

「昨天晚上夢見了沒有穿衣服的女人，不知道她是誰。我伸手去撫摸她，好像置身於天堂一樣，可是一下子我就從天堂掉入地獄，醒了！醒來之後，發現內褲上有白白的液體，我是不是病了！」

▼這是一個中學男生的日記。其實他沒有病，那些白白的液體，就是精液。少年進入青春期之後，睪丸開始製造精子，精囊和前列腺也會製造出液體。精子和液體混合而成的精液由陰莖排出稱之為射精。青少年時期在夜間的睡夢中射精，稱之為「夢遺」。

這是一件很正常的事，沒什麼好煩惱的，這種現象證明性器官成熟，開始製造精子了，應該值得高興，表

示已經變成大人了。

▼在射精之前，陰莖會變硬而豎起來，這叫做「勃起」。有趣的是，人體的勃起射精，並不是由腦部控制，而是由位於脊髓下的射精中樞的反射所造成的。

當你撫摸性器或想入非非時，射精中樞受到刺激，就會起反射反應——射精，當人在淸醒的時候，可用理性和腦的功用抑制這種反應，但睡眠時，腦部陷於休息狀態，性器稍受刺激，就會引起射精反應，形成所謂的「夢遺」。

夢遺

10 割禮與包皮

▼猶太民族有一個習俗：男嬰在生下不久，就要行「割禮」，這是將陰莖前端的皮割掉的一種儀式。生活在沙漠地帶的民族，也有舉行割禮的習俗，因為他們洗澡的機會很少，這樣做是為了保持陰部的乾淨，否則包皮內會藏積汚垢，很不衛生。

▼所謂的包皮，是指包著龜頭的那層皮，請參考附圖。陰莖的前端，有一圈凹下去的溝，由溝開始到尖端的部分叫龜頭，因為它的形狀很像烏龜的頭部，就是前尖後圓的錐狀。

在嬰兒、幼兒的時期，龜頭一直包在一層皮的下面，沒有露出來。其實這層皮不止一層，因爲它由溝部往前伸，到了最前端再摺回，應該是兩層。龜頭完全被這兩層皮包著，就叫包莖。

▼男嬰出生時，包皮的內側與龜頭黏在一起，長大

後，包皮逐漸變鬆，不再黏在龜頭上，可以用手拉下一些，使龜頭露出來，通長龜頭也是隨著年齡長大，進入青春期後，陰莖勃起時，包皮會自動往下縮，露出部分或全部龜頭。再過一段時間之後，就是不再勃起，龜頭也會全部露出來。

▼龜頭全部露出的時期，各人不同，比較早的，可能早至十四、五歲，比較晚的，可能要到二十五歲。龜頭是否全部露出，與陰莖的性能完全無關。

根據統計，到十八歲時，有百分之七十的人，用手拉的話，龜頭可露出一半，這些人要不了幾年，龜頭就會完全露出來了，所以不用耽心，只有少數的人包皮還和龜頭黏在一起，才需要看醫生。

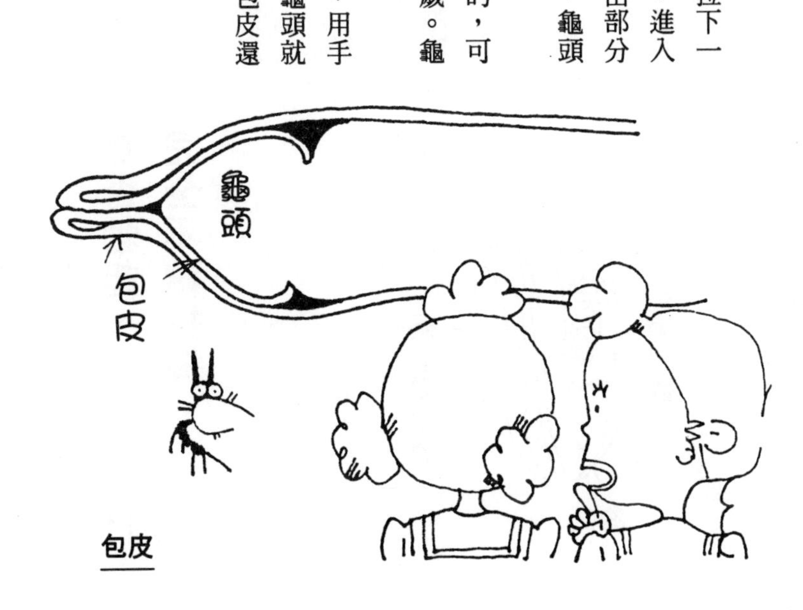

包皮

11

是否勃起，完全不聽指揮

▼英國詩人納維李（Novalis）曾說：「思惟器官乃是創造世界的自然生殖器。」換句話說，人類具有精神生殖器以及肉體生殖器兩種。那麼，思惟器官能夠控制性器官的活動嗎？至少在陰莖的勃起上，答案是否定的。

▼我們先來了解一下勃起的過程和陰莖的組織。從陰莖的橫斷面看來，在中央偏下的地方有尿道海綿體。這些海綿組織都具有彈性，尤其是陰莖海綿體，細胞的空隙很多。當陰莖受到刺激或心理作用時，細胞會充血，陰莖海綿體就開始膨脹，於是整個陰莖變長變大，這就叫勃起。

▼物理刺激（用手）或是精神刺激（裸體照片）。都會使中樞的勃起神經發出反射性的作用，使血液流入陰莖海綿體組織。

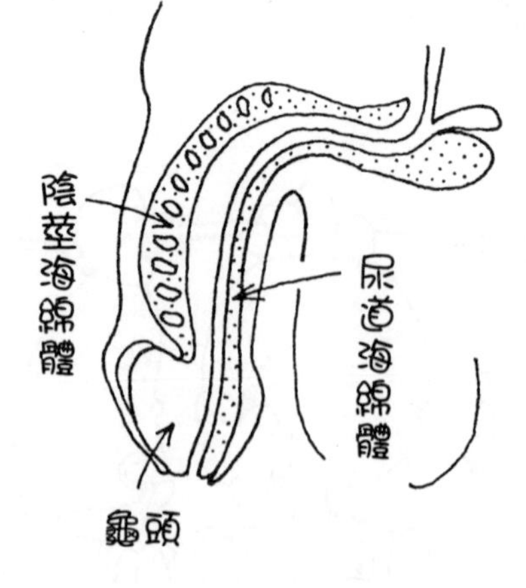

性與反射

▼勃起現象是否只有男人才有呢?事實上，女人的神經機能完全和男人一樣，因此，女性的陰核也有勃起的現象，在興奮的時候，性器也會有分泌物，只是沒有男性那麼明顯，所以大家都以為只有男性才會勃起。

▼男性在早上起床時，也會有勃起現象。因為在清醒的時候，腦部可以控制勃起中樞，可是在睡眠中，腦部也跟著休息。積存在膀胱中的尿會刺激中樞神經，而使得陰莖呈勃起狀態。

▼性的反射顯示了人體的神秘和不可思議，因為在某些時候，思惟器官控制不了勃起現象。

12

無花果與性器

▼有上半身不穿衣服的上空裝，也有下半身不穿衣服的下空裝。上空裝在歐美的海灘相當流行，至於下空裝，恐怕沒有人敢穿在外面走。

▼原始人是什麼時候開始穿衣服的？根據人類學的研究，當冰河時代來臨時，人類為了禦寒，才曉得要把獸皮或樹葉披在身上，也有人說，在身上披掛東西，目的是為了裝飾。

在聖經中，人類最早的衣服是無花果的葉子。當上帝用泥土揑出亞當，又用亞當的肋骨揑出夏娃時，人類是全裸的。亞當和夏娃並不會為自己的裸體感到羞恥，但是後來這兩個人受到魔鬼的誘惑，偷吃了禁果，結果兩人這才猛然發現自己沒有穿衣服，趕快找來無花果的葉子遮住身體，這便是人類的第一件上空裝。

▼原始人以樹皮等遮住下體，並非怕難為情，而是

為了要保護那象徵生命泉源的性器。而且他們對那無法以意志力控制的性也感到疑惑。認為其中有神藏身，因此，也很崇拜性器。

當然，也有人認為女性特別注重保護性器，是怕有小蟲之類的東西鑽進去。

▼除了歐美的基督教社會之外，巴西、印度等地，都把「無花果」當做「性器」的隱語，因此在這些國家中，如果在人面前提起「無花果」，等於是猥褻語。

▼「無花果」會成為「性器」的代名詞，大概因為無花果的果實很像男性的睪丸。事實上，無花果的繁殖並不必靠果實，用插枝法即可。

13 性的自卑感

▼精神分析學家弗洛依德，認為人的一切都與性有關，因此無論是什麼情況，他都以「性」來解釋。在他的理論上，認為所謂的「自卑感」之根源，是起自於人類的生殖器。

也就是，人類的不安和恐懼，都是由性器引起的。這種理論有點牽強，我們來看看是怎麼回事。

▼他認為：男性因為有陰莖，所以會有信心。而女人沒有，所以會不安。「陰莖」是多種感覺的根源，非常重要。與其相關的情感有：

第一：女性因為沒有陰莖而產生的「去勢自卑感」。

第二：男性怕陰莖會丟掉的「去勢不安」。

第三：男性對女性性器所引起的「去勢恐懼」。

▼法國哲家畢維洛特（Beauvoirt），在其著作『

畢維洛特

第二性』中，在這方面有更廣闊的思考。她認為：男人雖然害怕去勢，但是因為可以看到、摸到自己的性器，所以不會不安。又因為可以和其他的人比較陰莖的大小、長短，因而產生挑戰與克服困難的力量。但是，女子就無法彼此比較了。

不過，陰莖的有無，與男女的優劣有關嗎？其實並不，這位作家就說：「不是生為女人，而是成為女人。」這在男人來說，也是一樣的。

▼研究性的自卑感，必須牽涉到男女的個性、婚姻制度、社會制度，以及其他各方面，範圍很廣。

自卑感

14 體味濃的部位要保持清潔

▼人類到了青春期，原來在體內睡覺的各種荷爾蒙，一起甦醒了過來，開始活動。女性受到此種影響，乳房開始隆起；男性也開始長青春痘，動作也開始具有「男性氣概」了！做母親的，開始嫌兒子的房間又髒又臭。髒不髒倒不能一概而論，不過，「臭」倒是真的。以整個男人的一生來說，這可說是發情期的味道。

▼這種「青春期」的味道，有的人非常強烈，甚至因此不敢參加團體活動。到底是什麼原因使人發出如此之濃的味道？

在說明之前，我們先來看看哪些地方容易發出氣味，通常是腋下、乳房四周、肚臍、下腹……總之，這些部位都是比較隱密或不易露出的，也可以說，凡是體毛多的部位，也一定容易發出氣味。這些部位上的無數毛孔，便是氣味的出口。

▼毛孔分泌出來的，有兩種「汗」，因為分泌汗的汗腺有兩種，一種叫ecrine，專司分泌水分、鹽分，以調節體溫。這些分泌的物質也有一些氣味，但並不強烈。另一種叫apocring腺，分泌低脂肪酸及細胞的屍骸，具有較強的氣味。這種汗腺的數目，因人種而有差異，黑人最多，其次為白種人，黃種人很少，尤其是蒙古人最少。黑人和白人因為汗腺多的緣故，所以體味很濃。

▼體味以腋下發出的較強，過分濃烈的，稱為「狐臭」。事實上汗腺分泌出來的物質本身不具什麼氣味，形成體臭的原因是散佈在皮膚上的細菌去分解汗液而產生的。因此，消除體臭的根本之道，就是徹底的清潔皮膚。

體臭

15

處女與處女膜

▼沒有性經驗的男人叫童男，女人叫處女。世人的價值觀，一向重視處女，所以我們現在就來談談處女。

▼是不是處女，只有當事人最清楚。自古以來，判斷是否處女，都是以處女膜的有無來決定。因為處女膜位於陰道的入口，如果性交，就會破裂或消失。處女膜是一層薄薄的黏膜，但中央有個小孔，約有一指大小，因為富於彈性，所以同時可容二指通過。

▼初次性交，處女膜受到傷害，有時會有輕微的出血。以前的人就以此種出血當做處女的證據，但是現代人的營養比以前好，體育活動多，體格也比以前好，因而處女膜也更具彈性，第一次性交並不會出血。有的人好動，結果有時在劇烈運動中弄破了處女膜。因此，以性交有無出血來判斷是否處女，並不妥當。

▼但是，男性重視處女的觀念，還是沒有改變。為

何男性會如此重視處女？也許是一種對純潔的憧憬，但另一方面，也可能是男性心理不安的一種表現，他們怕對方與其他的男人有過關係，而且拿自己和他人比較……。

▼文化不同，價值觀也不同。南洋某小島上的人反而不愛處女。及笄的少女會特意請人弄破處女膜，舉行類似男性割禮一類的儀式。

▼因研究梅毒而得到諾貝爾獎的梅奇尼可夫（1845～1916，Metchnikoff）曾說：

「動物也有處女膜，但不像人類那麼明顯。人類是最進化，最發達的，不過現在仍無法了解處女膜的作用，只能說是一種進化的標誌。」

處女崇拜

16 正確的性觀念有益身心

▼人類對性到底抱著什麼樣的想法、行動或反應……做此類性研究的學者並不少，其中較有名的是：「金賽報告」、「巴卡德報告」、馬士特與強生的「人類性反應」、「海特報告」，以及雜誌「紅皮書」等。

▼金賽博士曾研究過人的學歷與性的關係。根據他的研究，職業、學歷都比家人高的人，在十幾歲時就能抑制自己的性衝動了。

也就是說，他們能夠將自己對性方面的興趣和慾望轉向功課方面，向理想方面做努力。

▼馬士特與強生，則研究過自慰方面的情況，他們認為：「自慰在精神上的充足感，或許沒有性交那麼好，但有時可得到更強烈的滿足。」但是他們又說：「我們的社會，性的目的是繁衍子孫以及獲得兩性之間的快樂，因此一個人自慰並不好。」

▼以現代的醫學觀點來看，青少年的自慰，是一種性的練習，也是預防性的不法行為的最佳發洩，並沒有什麼不好。因此馬士特與強生的報告，已不合時代。

▼巴卡德的報告，則著重在統計上。他曾調查過美國學生有關「性」的各種觀念。大部分的學生都認為在十八歲之前應避免性交，其中男生的半數和女生的過半數，都無性經驗。

在巴卡德報告完成的二十年前，金賽博士也做過同樣的調查，當時的結果和現在一樣，無性經驗的男生仍占半數，只是女生的數目增加了一點，可見得所謂的「性開放」不過是傳播界大肆渲染的結果，年輕人的性觀念並未產生變化，一直是很正確的。

性調查

17 手淫與自慰

▼很久很久以前，以色列有個部族叫猶大，其中有位長老叫猶大。他有三個兒子，分別名為珥、俄南和示拉。珥和大馬魯女性結婚，因為珥的行為在耶和華眼中看為惡，耶和華就叫他死了。於是猶大對俄南說：「你當與你哥哥的妻子同房，向他盡你為弟的本分，為你哥哥生子立後。」俄南知道生子不歸自己，所以，「同房時便陰道外射精，免得給他哥哥留後。」俄南所作的，在耶和華眼中看為惡，也叫他死了。（見聖經創世紀第三十八章）

▼俄南的名字是Onan，他「同房時陰道外射精」的行為，便叫Onanie。後來世人便將這個字譯為「手淫」，其實並不恰當，這個名稱的正確意思應該是「性交中斷」，而手淫應歸在「自慰」（masturbation）類才對。將Onanie與「自慰」連在一起，是十八世紀出版的一本書，該書的作者是一位密醫，他為了宣傳自

慰的害處，故意誇張了俄南的故事，表示那是不道德的。

▼在稍早以前，自慰一向被認為是種罪惡。都認為：「性的目的乃是為了生殖，所以自慰或同性愛，都是罪惡！」這是自古以來基督教的道德觀。但是現代的醫學觀點却認為自慰是性行為的練習，對人格的形成有所幫助。是正常的，根本與罪惡毫無關連。

▼自慰這種行為，男性比女性重要。因為性慾是人的本能，而性行為必須經由經驗學習。有些在婚前從未有過自慰經驗的男性，婚後往往不能以自己的意思來射精。據調查，現在的中學男生有百分之九十以上都有自慰的經驗。男性的首次射精是以自慰方式促成的，佔百分之七十。

以這個比率看來，性的自覺可說是由自慰而來。

▼自慰不但可以解放性慾，也可練習抑壓性慾，應說是有益的行為。

自慰的抑制

18 動物的自慰

▼據說有個人教一頭黑猩猩自慰，結果這隻黑猩猩學會之後，一直到死都樂此不疲。有很多人認為實在不應該教會那隻黑猩猩。其實關於自慰，黑猩猩及類人猿都比人類更進步。人類自慰時，多半用手，但類人猿不只用手，也用脚、用嘴，甚至用尾巴來刺激性器，以引起快感。

▼在動物中，尤其是獸類，只有領導階級的才有固定的雌獸做伴侶，其他的雄獸都是發情時才去找伴侶，一時找不到，只好自慰。

以公獅來說，會躺在地上，以後腿夾著摩擦自己的性器。公象會以鼻子刺激自己的性器，母象因為鼻子搆不到，就會由兩隻母象彼此用鼻子摩擦對方的性器，好像同性愛似的。

▼智慧與人類相差不多的海豚，在性方面也有與人

自慰

類似的地方。人類做性活動，有時只是為了滿足性慾，完全與生殖無關。海豚也一樣，牠們也可以僅為了性慾而性交，可想而知的，其自慰方法也是花樣百出，例如：牠們會停在水槽內噴射水柱上方，讓水的衝力刺激性器。

▼人體性感帶的分佈，尤其是女性，性感帶幾乎偏佈全身。動物也有類似的情形，以發情期的公鹿來說，牠們會把角觸在樹枝上摩擦，大約在十幾秒之後，其性器就會勃起而射精。

▼除了人和海豚的自慰之外，其他的動物進行自慰，乃是極不得已的行為。

19

理性是否可以控制性慾

▼無論是什麼事，都應適可而止，不可過度，否則反而會造成傷害。這就是所謂的「過猶不及」以人類日常生活的飲食、睡眠、性生活（或自慰）來說，也是一樣。尤其是自慰一項，雖然我們不反對，但也不贊成行之過度。如果前一晚自慰之後，第二天覺得疲憊，就該休息幾天，不可一而再，再而三的進行。當然，年輕人血性方剛，讓他們以理性控制自己的性慾，實行起來是有困難的，但是自慰過度又會把身體弄壞，這樣說來，是否有其他的方法可以挽救呢？

▼很早以前，就有人實行禁慾生活，最好的例子，就是僧侶和修道士。這些人本著救世救人的精神，追求崇高的精神境界，完全摒棄了世俗的一切享受，口腹之慾固然不可再享，原始的性慾也須予以壓制。有幾派宗教的規定，都把不可犯色戒列為第一。

▼這些宗教人士也很了解僅憑理性是很難壓制性慾

的，於是想出了一個絕妙的方法，這乃是集多年的智慧累積而成的，那就是——從飲食生活著手，以改變體質來壓制性慾。他們由經驗得知，攝取過多的動物性食物（肉類、蛋類、牛奶、奶油等），血液會呈酸性化而混濁，體質也會變為酸性，使得性慾更受刺激，抑制性慾的腦力功能也會跟著降低。在這種情況之下，性慾很容易升高；看到女性不免想入非非，或是自慰解決。因此，宗教人士才會主張吃素，預防血液酸性化，這樣即可控制性慾，專心修行。

▼年輕人正是發育的階段，動物性蛋白質是不可缺乏的重要營養，因此不可能吃素。但在可行的範圍之內，應不吃刺激性的東西，調味料少放，辛辣的東西也不要吃。多吃植物性蛋白質，如此即可預防血液酸性化。

▼如果你意志力無法集中，老是在想性方面的事，那就應從洗淨體內——改變食物——做起。

控制性慾

20

性經驗開始得太早會減少性的壽命

▼過早開始性生活，會很容易衰老。根據研究，生物的生命，約為其成長到成熟期的五倍。性成熟得早，性的壽命也就跟著減低。像南洋的一些土著，性的發育很早，女子在十四、五歲已算成人，可以結婚生子了，但是他們的壽命也比一般人短，年過三十，已經衰老不堪了！

▼人的性能力可以維持幾歲？如果僅就生殖能力來說，男人要比女人的期限長。女性製造卵子的能力，大概在四十到五十歲時即已消失，但男人製造精子的能力，往往可以到六、七十歲。

男人的性交能力也比女人長，但就男人本身而言，性交能力的個別差異也是相當大的，有的人一天兩次，有的一年三次就很滿足了。

生命力旺盛的高齡名人中，最有名的是畢加索（畫

家）、塞勒維亞（吉他演奏家），他們在年近八十時還能生孩子。最驚人的是皮爾（某名酒的商標模特兒），他過了一百歲還生了個小孩。一般說來，男人在六、七十歲生子並不稀奇。

▼人的身體是愈鍛鍊愈發達，自古以來，無論是那一方面的專才，都擁有普通人不及的能力，這些人腦力好，性能力跟著高。因為分泌保持身心年輕的荷爾蒙，是由腦下垂體負責。

因此，性生活也必須活動腦部，並非如一般人想像，是「不用大腦」的活動。

性生活與壽命

21 火的發明

▼人跟動物的最大區別在哪裏？也許你會說：「只有人用兩雙腳走路！」事實上人猿或猩猩也常用兩雙腳走路。也有人會說：「只有人類會使用工具！」不過，啄木鳥會用尖尖的嘴去啄木頭挑小蟲吃，應該也算是使用工具的高手。那麼，到底兩者的差別在哪裏？就是火的使用。

▼原始人直接用火燒烤食物，後來隨著文明的進步，用火的方法也有所改進，像現在都有「微波電子爐」了！

▼人類到底是用什麼方法發明火呢？有人說，是因森林火災得到啟示，因為古時各地都有森林，在天乾物旱的時候，強風吹過，使得樹枝彼此摩擦生電而發出火花，進而成為一片火海，於是人類曉得利用兩根樹枝來摩擦起火。

▼但是法國的科學史家巴斯拉爾却推翻了這個說法，他認為在刮大風的乾旱日子裏，原始人不可能站在森林裏看個不停，一定是躲在洞裏休息，鑽木取火的靈感，乃是來自人類性交時，身體與身體的摩擦。只要你試試看，就會知道兩根樹枝摩擦的發火效果，一定比不上拿一根小樹枝在一塊大木頭的凹處摩擦。

▼為何性交時會發熱呢？因為性交＝生殖的行為＝新生命的創造＝必須最高的能量＝發熱。

▼巴斯拉爾又說：「由肉體所產生的快樂行為，能觸發其他的動機或靈感。」在乾燥的木頭上以樹枝摩鑽起火，需要很長的時間和耐力，這與性行為有異曲同工之妙。

22 打敗仗就會被去勢

▼人類很早就曉得烤肉很好吃，尤其是小牛肉，母牛肉也不差，最難吃的是公牛肉，又老又硬。但是公牛的數目不少，如果想個法子讓公牛變成母牛，肉就好吃多了。聰明的人類便想到了閹割的方法，將公牛的睪丸去掉，果然這樣一來，公牛的肉嫩多了，而也變得較溫馴，容易飼養，真是一舉兩得。

▼把睪丸去掉，叫做「去勢」。為動物去勢，是人類很早就有的智慧。原始人由經驗得知，動物去勢之後比較聽人的話，於是連想到人類自己。男性去勢之後，是否會變得溫和？古時候的國王當然也想到了這一點，於是那些有意反抗自己或是政見不同的人，都遭到了去勢之刑。

▼自古以來，這個世界似乎沒有停止過戰爭。有些部族認為敵人被自己打敗了，加以去勢似乎比殺死他要

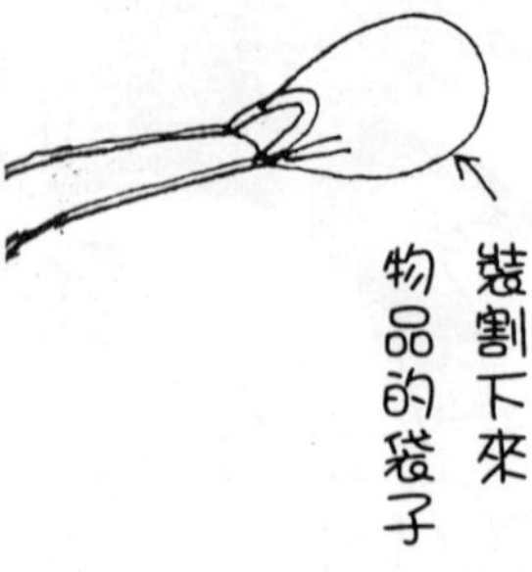

裝割下來物品的袋子

好一些，因為去勢以後可以用為奴隸，也使其絕後，杜絕後患。有許多民族都利用過這種方法。

▼希臘有名的歷史學家希羅多德說：亞述人、巴比倫人、波斯人、埃及人等都曾對俘虜進行過有計畫的去勢。直到一百年前，中東的回教國家也都還保留這著個習慣。

有許多國家也把去勢當做一種刑罰，例如埃及，犯了通姦罪，必須去勢。在印度，則是侮辱身分高的人，也會遭去勢。在威爾斯，無力交罰金的人，最後會被去勢。不過，這些都是過去的事了。

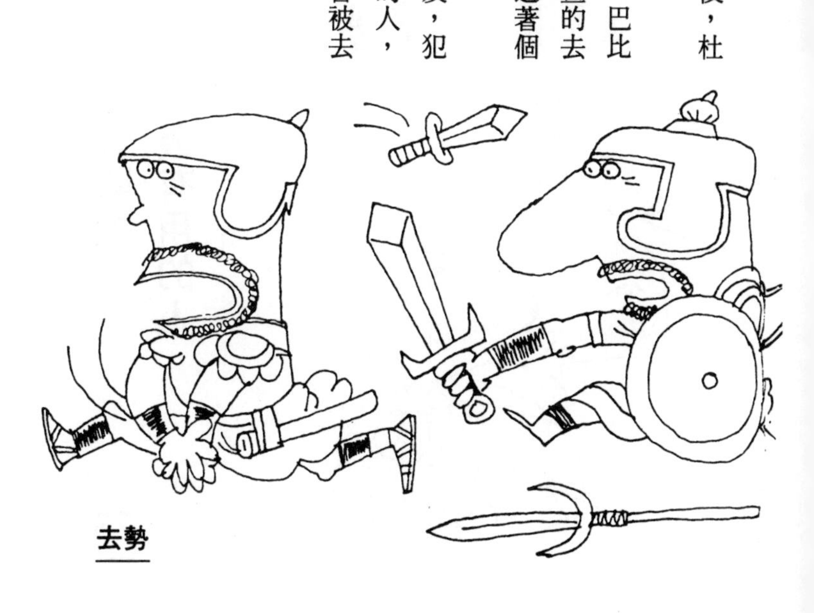

去勢

23 太監是最有用的人

▼中國有一句形容絕色美人的詞，叫「傾國傾城」，因此這絕不是普通的美人，而是能使一城之主，一國之君沈溺於其美色，以致拋城滅國的美人。一定會想：這些君主為何如此糊塗，事實上，自古英雄愛美人，身為一國之主，能力固然高強，性能力也不差，看到了美貌動人的女子，焉能不心動？

▼與國家存亡有關的性問題，除了美人之外，還有所謂的太監。太監又稱宦官，是去勢的男人。這些沒有生殖能力的人，在某些時候，卻成為最有用的人，在政治上扮演著重要的角色。歷史上有名的宦官很多，他們的來源不外是俘擄、奴隸、平民等身分很低的人，所擔任的工作，則是侍候皇帝、后妃，監視宮女一類的職務。但是這些低微的人，因為無法生殖，反而博得了皇帝的信任。

▼古代中國的皇室，因為爭權的關係，往往六親不

認，親兄弟彼此殘殺，甚至也有弒父的血腥事件。在這種情況之下，宮廷之內人人不可信任，皇帝不知不覺的就會聽信宦官的話，因為他們認為宦官無後，不可能為自己打算，而且宦官時時在皇帝側近，進讒言的機會特別多。再加上宦官掌管宮廷的女性，經常有機會向皇上推薦美女，由於這種種關係，太監要取得皇帝的信任，並不困難。取得皇帝的信任之後，就會成為權大勢大的人，簡直不可一世，所有的朝官都要讓他們三分。

▼去勢的方法很多，通常是在成人之前把陰莖和睪丸統統割掉，然後在尿道口裝置一根銀管或草管。也有是在成人之後割除睪丸的，這種人的陰莖還可以勃起，只是已經不具生殖能力了。

▼去除睪丸的方法也有兩種，一種是以烙紅的鐵棒去炙睪丸，另一種方法是用繩子將睪丸綁緊，使血液不能流過而逐漸腐爛。

性無能

24 真正的女人

▼近年來在奧運或亞運上，出現了一個新的問題，因而也多了一種新的體檢，就是參加的女選手到底是不是女子？因為有許多女選手實在長得太粗壯而孔武有力，成績也好得驚人，幾乎可媲美男性選手。

▼也許有人會說，要區別是不是女人還不簡單，只要看看性器就好了，事實上並不然，因為要將男人的性器改變為女人的性器並不難，摩洛哥的變性手術是世界聞名的。不過，外觀改變有什麼用？必須骨子裏也是女性，才是真正的女人。

▼最徹底的男女區別法，是檢查細胞核的染色質。男性也具有染色質，但是為數甚少，只有百分之五，而女性則有百分之六十。因此，在選手的口內取一點黏膜，以特殊的液體泡浸，再用顯微鏡觀察，即可看出該選手的細胞核內是否有多量的染色質了。

▼發明這個檢查法的人。是加拿大的M・L・巴爾和E・G・巴特蘭，不過讀者們必須弄清楚，此染色質並非染色體，兩者切不可混為一談。

▼活人的性別可以用這個方法鑑定，那麼，已成白骨的棄屍，要如何辨別呢？據說，男女的差別最明顯的是骨盤的形狀，女性的左右寬上下短；其次是頭蓋骨的形狀，男性的眉間較突出，表情也較硬，額頭較平，女性的則較圓滑。

▼對骨骼專家來說，只要給他一支大腿骨，他就會告訴你這是男人還是女人，其秘訣是在於骨骼表面的狀況。因為骨骼上面附有肌肉，所以會留有肌肉的痕跡，這種痕跡，男性的較粗糙，這可能是因為運動量的關係。

性別檢驗

25 變性手術

▼目前變性的人很多，已經不是奇聞了。嚴格的說起來，現在的變性，只不過是將陰莖割掉（指男性，女性則相反，但男變女的較多，故以此為例），整形為女性的性器，然後再經常注射女性荷爾蒙。乳房必須加以塡充，使其隆起，因此，只不過是使外觀改變，眞正的性別之差——染色體——仍無法改變。因此，稱之為「變性」不正確，應該說是性變態。

▼大自然無奇不有，有一種魚類，可以進行眞正變性，那就是產於紅海的石鯛。這種魚是以一隻雄魚，數隻雌魚為一單位過團體生活，可以說是一夫多妻的制度。石鯛的雌雄之別十分明顯，雄魚個子較大，呈紅色，雌魚則稍帶褐色。如果雄魚離開了這個團體，那麼，那群雌魚之中，就會有一隻最活潑的，在兩個星期之內變為雄魚。兩星期之後，你會發現牠的個子變大，體色變

紅，行動與雄魚沒有兩樣。

▼如果石鯛也像人一樣，只是外觀改變，那就不能稱為真正的變性了！事實上，這種魚妙就妙在這裏，雌魚不但外觀改變，生殖器也會完全改觀。也就是說，卵巢消失，精囊發達，可以使雌魚受精。

▼有人做過實驗，將二十隻雌魚放在一起，不久，其中就會有一隻變為雄性，再將這隻雄魚撈起，剩下的雌魚當中，又會有一隻變成雄的：如此週而復始，二十隻雌魚全都變成了雄魚。由這些事實看來，石鯛本身很可能本來就具有兩性的性器。

▼那麼，雌的石鯛如何知道雄魚不在了呢？根據實驗，顯示牠們是用看的，因為雄魚的體色很鮮艷，很容易察覺。如果將雄魚和雌魚分為兩個水槽，隔著玻璃彼此可以相望，雌魚就不會變成雄魚，如果看不見時，雌魚才會產生變性。

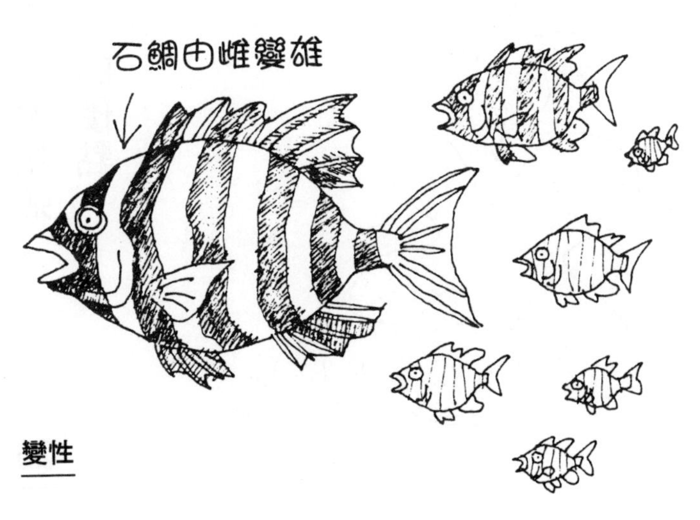

26 兩性生殖的優點

▼生物的繁殖可以分為兩種，一種是無性生殖，一種是兩性生殖。目前地球上大部分的生物都是兩性生殖。連大腸菌、濾過性病毒所進行的，也是兩性生殖。像阿米巴原蟲所進行的，則是單純的無性生殖。

無性生殖簡易方便，但是為何這個世界上的生物，都不厭其煩的進行兩性生殖呢？那是因為兩性生殖比無性生殖優秀。

▼以阿米巴原蟲的分裂生殖來說，不管分裂幾次，其原來的形質都不會改變，也就是說，其遺傳因子一成不變的一直遺傳下去。當然這些遺傳因子也會發生突然變異（突變），但是這種突變對大部分的個體來說，都是有害的，往往會造成死亡的原因。

少數的突變是有益的，像進化作用，就是利用突變來進行。但是無性生殖就無法利用這樣的突然，因此，

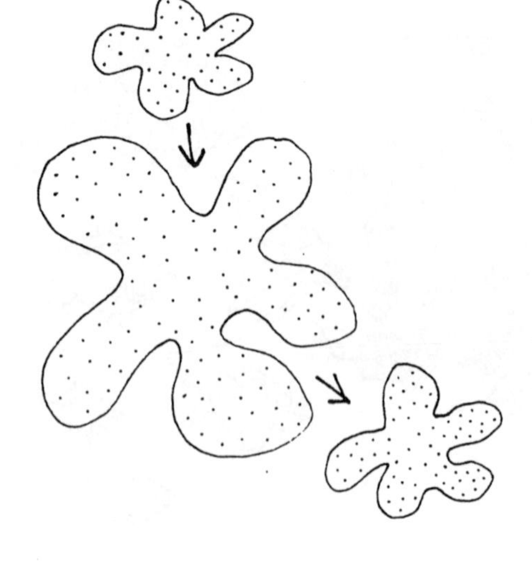

現在的阿米巴原蟲在幾十億年之後，仍然是阿米巴原蟲，不會變成其他的生物。

▼而鳥、魚、獸、人等所進行的兩性生殖就不同了，每一代都各接受雙親的一半遺傳因子，因為因子的組合不同，每個個體不可能具有完全一樣的遺傳形質（除了同卵雙生子之外）。若有突變而產生出新的遺傳質時，也被組合成各種形質了。故其用於進化的或然率要比無性生殖高。兩性生殖所產生的個體中，有些具有較強的適應力，這些個體會將有利於繁殖的遺傳質往下傳。若是無性生殖，則無法適應環境的改變或惡化，很容易死亡。

▼兩性生殖乃是生物進化不可或缺的條件，這也是生物進化過程中所產生的結果。人類的性生活即是在「物競天擇，適者生存」的條件下所產生的。

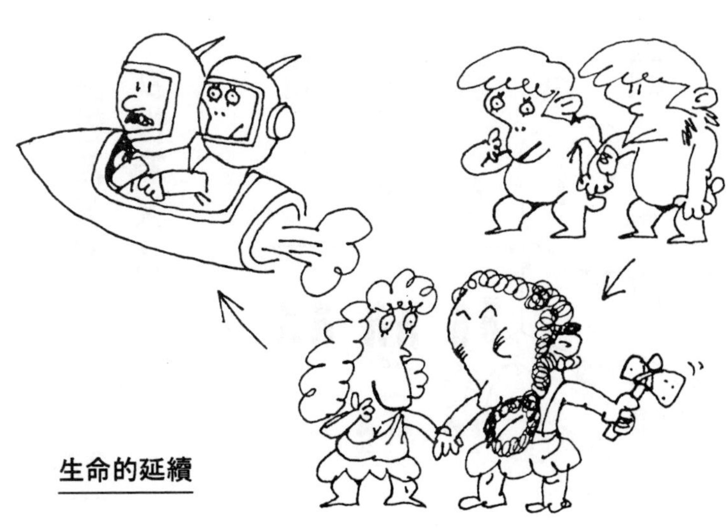

生命的延續

男性為XY，女性為XX

27

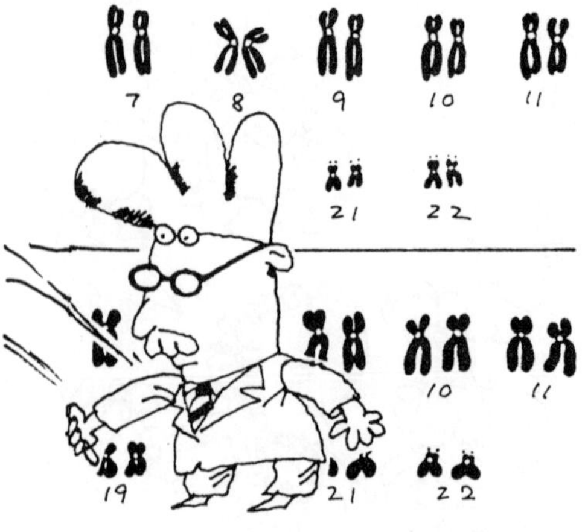

▼上一代死亡之後，有下一代接替，生命的延續是很不可思議的事。人的身體大約有一百兆個細胞，每一個細胞都有細胞核，核內則具有與遺傳有關的染色體。有這些染色體，下一代才會像上一代。染色體的數目，通常因生物的種類而不同。

人類的數目是四十六個，這點，無論是白人、黑人還是黃種人，都是一樣的。

▼四十六個染色體的形狀、大小都不盡相同，但是若仔細觀察，總會有兩個比較類似的成為一組，因此共有二十三組。

男性的染色體和女性比起來，有二十二組完全一樣，只有第二十三組不同。女性的第二十三組，兩個染色體彼此較像，男性的兩個則完全不同。

▼第二十三組，稱為「性染色體」，女性的為XX

，男性為ＸＹ。這是決定性別的染色體，所以會有這個名稱。這二十三組的染色體中，各組的一半均來自卵子和精子，也就是說，成為一組的兩個，一個來自父體，一個來自母體。

由此亦可知，精子和卵子具有二十三個染色體，是其他人體細胞的半數。

▼卵巢所製造出來的卵母細胞分裂之後，會成為僅帶有Ｘ染色體的卵子。而睪丸的精母細胞分裂，則成為帶有Ｘ染體和Ｙ染色體的兩種精子。受精時卵子如果是與Ｘ精子結合，則生女兒，如果是與Ｙ精子結合，則生男孩。

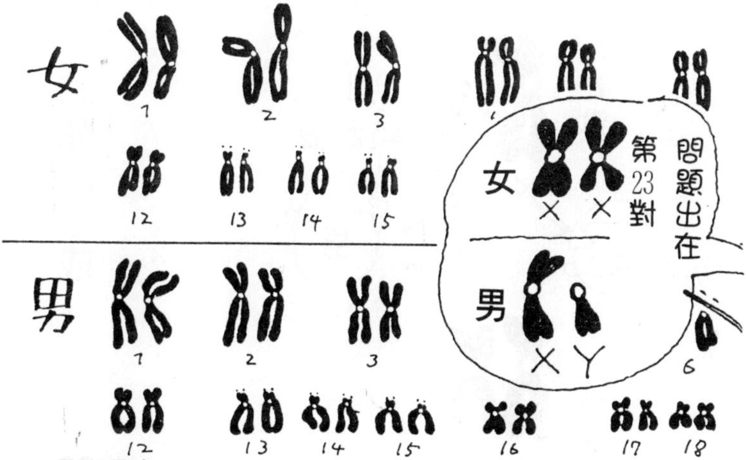

是男是女

28 胎兒的形成

▼看了上一節的內容之後，相信你已經知道胎兒的性別是如何決定的了。決定性別的比率，可以說是一半一半，由此可見大自然的安排很公平，並不偏向誰。

▼卵子在輸卵管與精子結合之後，便一再反覆分裂，使細胞的數目不斷的增加，大約一個星期，卵子即可移到子宮內定著下來，透過胎盤吸收母體的營養，逐漸形成胎兒。

▼不過在這個時候，胎兒的性器尚未發育，還無法分出是男是女。所謂的性器，是指生殖腺（睪丸或卵巢），胎兒生殖腺的分化，大約要在受精卵著床後六至七星期之後，在那個時候，男胎可看見陰囊，女胎才可看見卵巢。

▼胎兒的生殖腺尚未分化之前，是兩對生殖管，一對為伏耳夫氏管，另一對為苗勒氏管。胎兒發育到第八

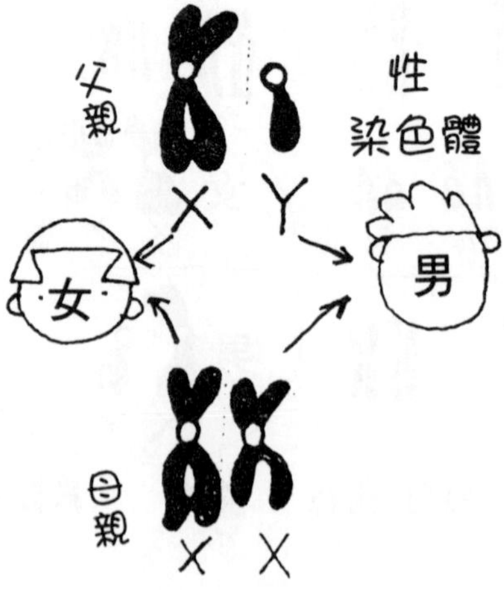

週時，若是男胎，伏耳夫氏管會發達，成為左右副睪丸、輸精管、精囊等，管的下端則發育成尿道，其苗勒氏管則退化以至消失。

▼若是女胎，則恰好相反，伏耳夫氏管退化，苗勒氏管發達。左右的苗勒氏管上半部變成左右卵巢，下半部結合成一條，形成子宮和陰道的一部分。

▼決定生殖腺分化的，一般認為是這樣的：以男胎來說，含有Y染色體的荷爾蒙，會抑制苗勒氏管的分化，而這種荷爾蒙，是由男胎的睪丸分泌出來的。如果沒有睪丸，苗勒氏管就不會退化。女胎的情形恰好相反，也就是伏耳夫氏管受某種物質的壓制而退化。

媽媽要生個
小弟弟嗎？

胎兒的性別

29 為何會有陰陽人

▼男女不同，一般人都認為是理所當然的，事實上性別的分化，是件浩大的工程，稍有疏忽，就會陰差陽錯。我們在填履歷表時，總有「性別」一欄，平常人可以毫不猶豫的填上男或女，但是有些人，無論是填「男」或「女」，都錯誤的。

▼要區別男女，在出生時看看性器就可分明，可是有些嬰兒怎麼看也看不出是男的還是女的，這種情形，稱為陰陽生殖器。

陰陽人也有真假之分，真正的陰陽人，是兼有男女的性器；假性陰陽人則是陰莖發育不完全，看起來很像女子的性器；或者是陰核過大，看來好似男子的性器。

▼男女的性別，在胎兒時就已決定了（大約是在受胎的第八週到第九週），分化的期限大約要四個月。如果在這幾個月當中，母體的荷爾蒙作用不順利，就有成

為陰陽人的可能。

▼假性陰陽人在成年之後，會變成怎麼樣一種情形，完全視其家庭的如何來決定。現在醫學發達，父母可以儘早帶小孩到醫院做詳細的檢查，確定孩子的性別，如果是個女孩，就應以對女兒的方式來養育，反之亦然。

但是在古時候，大人也搞不清楚自己的孩子是男是女，必須等青春期時，孩子體內的荷爾蒙作用旺盛之後，才可顯出其原來的性別，有些大人自小把小孩當女孩養成，無法改變過來，這對小孩本身來說，實在是不幸的事。

半陰陽

30 卵子的大小

▼人類延續生命的橋樑，可以說是架構在精子與卵子之上，因此其重要性是不可忽視的。

▼我們常吃的雞蛋，其實也就是雞的卵子，依雞的大小來說，其比例相當大了。卵子在人體上，也是最大的細胞，但是其大小，只不過是〇・一㎜（毫米）——〇・二㎜那麼大——如果將全世界女性的卵子都集中在一起，也不過只有一個雞蛋那麼大。世界上的禽類中，哪一種的蛋最大？

據說馬加島的盧特雞生的蛋，直徑有三十三公分，但是因為這種蛋都給當地的土人吃光了，所以現在這種雞也已絕種。像這樣大的蛋，如果煎成荷包蛋，不知道可以供幾個人吃？

▼精子是由睪丸製造的，卵子則來自卵巢。女娃娃在剛出生時，其卵巢中約有五萬到六萬未成熟的卵子，

奇怪的是到了十歲左右，其數目只剩下二萬，到了青春期時，只剩下約一萬個。

女人一生中所排出的卵子，大約有四百個，其中能與精子結合的，大約是其中的十個，由此可見，卵子彼此之間的生存競爭也很激烈。

▼卵子乖乖地等在卵包內，待青春期來臨時，發育成熟的卵子就會被送出卵巢，這叫排卵，通常一個月一次。排出的卵在輸卵管中等待著受精的機會，如果沒有受精，就會被送出體外，就是月經的來源。

▼被排出體外的卵子，乃是人體中惟一可用肉眼看得見的細胞。相反的，精子是人體細胞中最小的，只有卵子的五百分之一，大小約〇・〇〇〇二㎜。可以決定男女性別的，是精子，而要不要受孕，則由卵子決定。

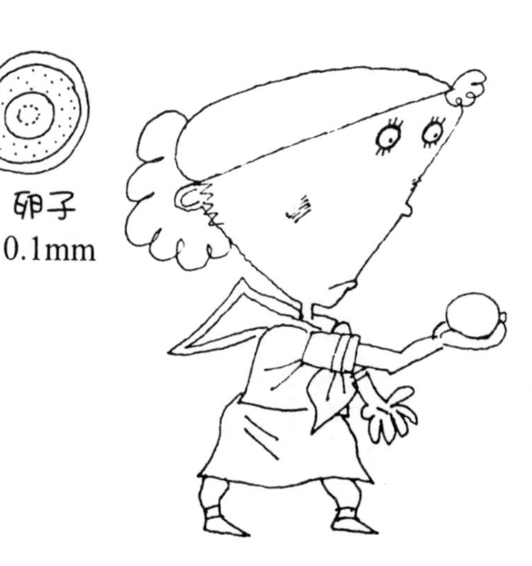

卵子

一億分之一的機會

▼人的精子很像蝌蚪，長〇・〇五㎜，只有頭和尾巴。頭部占身長的十分之一，其餘都是尾巴。精子利用尾巴像鰻魚一樣游泳前進，速度大概是一分鐘走二～三㎜，時速則是十二到十八公分。

我們現在來比較人的速度和精子的速度。男性的身高大約為一百七十公分，目前世界游泳紀錄中，百公尺的最高速度，自由式是五十秒，平均分速為一百二十公尺，也就是一分鐘可游身高的七十倍。而精子算起來，一秒鐘可游身長的六十倍，可說很驚人了。

▼男性一次射精量約為二～六毫升（大約一小匙），其中精子的數目大約有五千萬到三億。這個數目也因各人的條件而有不同，平均數應在一億左右。睪丸在一生中所製造的精子可以說有無數，可是能與卵子結合的，只不過是微乎其微，其餘的全都歸於死亡。可以說，

精子的生存或然率近乎於零。

▼精液的量與精子的數目，也因動物的種類而有所差異。牛的射精量一次約為六毫升，與人差不多，但是精子的數目有十億至二十億之多，因此，在做人工授精時，可加以稀釋。

相反的，馬的射精量有一奶瓶，但是每一毫升的精液只有兩億個精子。

▼人的精子量比起這些動物要來的少，但是人沒有發情期，隨時都可以性交射精，動物卻不同，除了發情期之外，牠們對異性並沒有興趣。

▼不過，直到現在，關於精子的一切，尚有許多不明之處，必須留待醫學界進一步的努力。

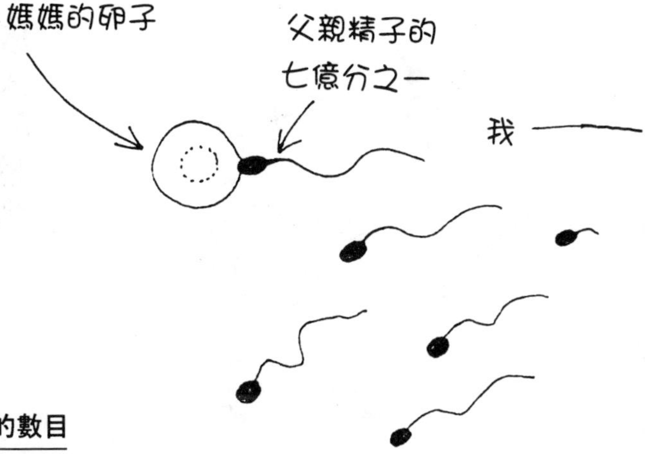

媽媽的卵子

父親精子的七億分之一

我

精子的數目

32

「生理」是成人的證明

▼女子進入青春期的訊號比男子清楚，就是——初潮，也就是首次的月經。月經尚有其他的名稱，如月信、月潮等，大多與月字有關，因為這是固定在每個月發生一次的生理現象。現在為了聽起來不太令人尷尬，一般人多以「生理期」代稱。

月經週期平均是二十八天，除了人之外，動物也有。在靈長類中，除了低等的猴子之外，多有此現象，據統計，黑猩猩為三十四天，大猩猩約三十天到三十九天。

▼女性體內所排出的卵子，會由卵管來將其由卵巢送到輸卵管，在此等待與精子結合。卵子的壽命只有二十四小時，在這段期間內，若沒有遇到精子，就失去受孕的機會了。

如果受精，即成為受精卵，受精卵再由輸卵管進入

子宮著床。子宮壁為了利於受精卵著床，在排卵前會變厚，在排卵後分泌黏液的組織發達，微血管增加，水分增多，這是為了給受精卵輸送營養而做的準備。

▼如果卵子沒有碰到精子，一天之內就死了，於是子宮壁所增厚的部分開始脫落，隨著血液排出體外，這便是月經。因此，如果受孕，就不會有月經。

女性的子宮每個月都要做一次迎接受精卵的準備，真是不辭辛苦。

▼在生理期中，女性的負擔，就好像礦坑的工人一樣，除了腹部的脹痛之外，精神上也會受影響。男性了解了這一點，應對女性溫柔體貼一些。

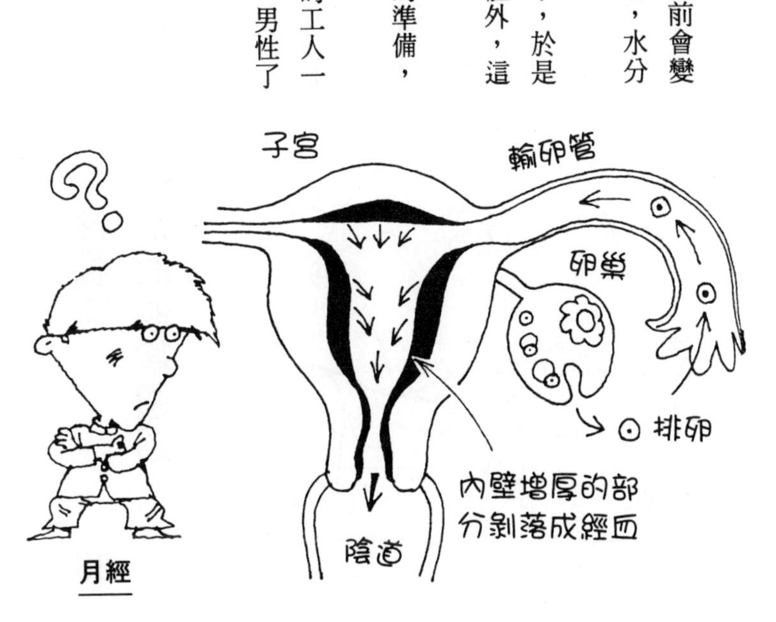

月經

33

女性具有特別的韻律週期

▼男人和女人都是人，但是却有相當的差異。就以平均壽命來說，根據一九七七年的統計，男性為七二・六九歲，女性爲七七・九六歲。其他無論在生活力或是生命力上，女性也都比男性強。

▼一般說來，寡婦要比鰥夫多。死了太太的人，好像不出幾年也就死了。可是死了丈夫的女人，往往能夠很堅強的活下去，把精神寄託在下一代的身上。

▼男女在生理構造、肌肉、骨骼、性格上，都有不同的差異。

根據最近的研究，男女在腦的機能上，也有差別。這些差別，主要是出在腦下垂體上。腦的視床下部及其周圍，是調節荷爾蒙分泌，控制性衝動的地方。在女性來說，視床下部分泌的物質，每天都有不同的變化，這些變化，足以影響腦的機能。

▼女性獨有的月經，會帶來特有的韻律，這種韻律是以排卵日為界，在月經週期（一個月）的前半和後半，會有不同的現象。在排卵日前，視床下部受到的卵巢荷爾蒙（由卵巢所分泌）的影響，大腦神經和細胞會變得很活躍。但是過了排卵日之後，腦細胞的機能便開始減弱。

▼這樣看來，女性的腦機能一直反覆著活潑與不活潑兩種現象。但是男性的差別，就沒有這麼明顯。

▼女性的韻律週期，除了以月為單位之外，一天當中，也有此現象，因為其生殖腺刺激荷爾蒙的分泌量，白天和晚上不同，是在晚上睡眠特別活潑，因此可以說：「美人是晚上製造出來的！」

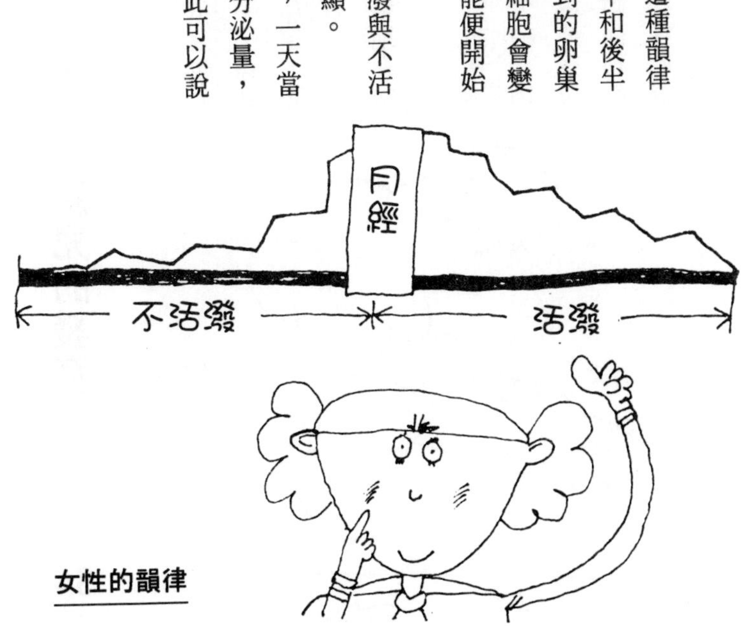

女性的韻律

34 胎兒的發育

▼男人會誇口世界上沒有難倒他們的事，但是有一件事，是他們無論如何也做不到的，那就是——懷孕生子。

▼雖說「初潮」是女子即將成人的證明，但這也只是一種信號，要真正成熟到可以順利的懷孕生子，還必須再過幾年。因為在初潮之後，月經週期仍不穩定，想要懷孕生子，最少要再等兩三年。

▼女性的生殖系統成熟後，左右卵巢會交替地在每個月排出一個卵子。

卵子在輸卵管若與精子結合，便會移到子宮內著床。其發育是利用卵內的營養反覆做細胞分裂。大約一個禮拜，胎兒周圍會出現一層羊膜，也會出現一根連接母體與胎兒的管子，那就是臍帶。這條臍帶內有兩條動脈，一條靜脈。其一端接在胎兒的臍上，另一端接在胎盤

上，胎盤則與子宮壁連在一起。

▼在以後的九個月中，胎盤由母親的血液輸送成長必需的養分和氧氣給胎兒，同時也將胎兒的廢物送走。這個胎盤，發揮了消化器的作用、腎臟的作用以及肝臟機能的一部分作用。

子宮內的胎兒浮在羊膜內的羊水中，好像太空人在宇宙漫步一樣，沒有重力，舒適地等待降生的日子來到。胎盤大約是在懷孕的四個月後形成，因此，過了這個時期，就沒有流產的危險了。

如果不幸流產了，因為胎兒已成形，必須以人的方式予以埋葬。

▼懷胎十個月，是女性一段艱辛的歷程，在漫長的二百八十天（從最終一次月經算起）中，必須以無比的耐性和毅力來渡過。

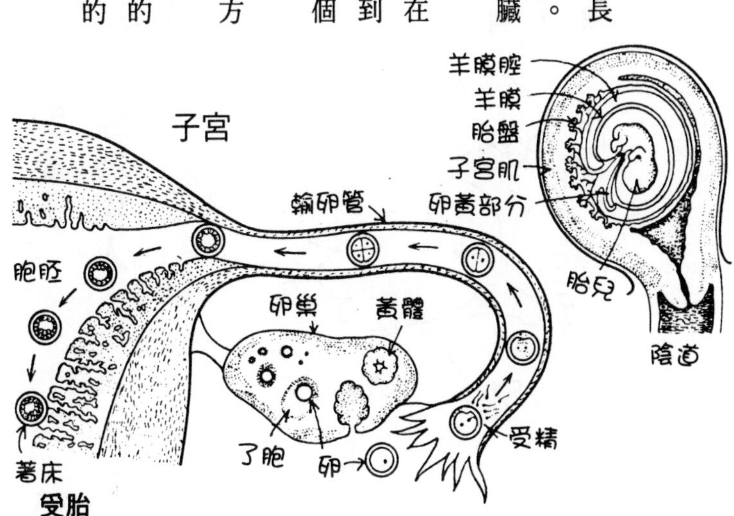

受胎

35 助產士原為男人

▼古時候並沒有什麼產科醫院，妻子要生產了，就去請個接生婆來。既然叫「接生婆」，自然是個有過接生經驗的老婆婆，她可以在產婦身邊幫忙，使生產順利。經驗豐富的接生婆一旦提起她的成績時，往往會得意洋洋地說：「我接生的小孩大概有六百個，每個都平安又健康！」

當然，產婦聽了這種話最為安心。

近代以來，接生婆必須經過考試，取得合格證書之後方可營業，名稱也改為「助產士」。不過，現代婦人生產，還是多半到醫院去，很少在家裏待產的。

▼接生婆的英文為midwife，原意為withwife，翻成中文，應是「和太太在一起的人」，這個人自然是產婦的丈夫了，不過說實話，丈夫在一旁實在幫不了什麼忙，頂多用嘴叫幾聲：「忍耐一點，忍耐一點！」

▼在加勒比海（caribban・sea）的某個小島上，妻子要生產時，丈夫必須一起躺在床上，為了表示要分擔妻子的陣痛，也要跟著呻吟。

另一個小島的風俗更妙，妻子生產時，丈夫也可得到一個星期的產假，在家裏休息，而真正的產婦却必須立刻出去工作。

他們認為魔鬼會來找產婦和嬰兒，自己假裝產婦，可以替妻兒受罪。

生產奇譚

36 乳房的構造和奶水的產生

▼天方夜譚裏有一則故事，是說有個呆子，認為神所創造的一切都是有用處的，只有男人的乳部一無用處，所以用刀子將乳頭割了下來。其實，男人的乳部至少還有一個用處，就是可以區別前胸和後背。

▼男人的乳部原來也是突出的，後來因為沒有什麼用，所以退化成扁平的狀態。這種情形，就和腳的小趾頭的指甲變成一點點一樣。

▼在小孩時代，男女的乳部並無不同，進了青春期之後，女子就有了顯著的變化。也就是在初潮之後的八到十個月，乳房開始隆起，乳腺也開始發育成很多細管。待結婚懷孕生產後，乳房會更加膨脹，這是因為卵巢所分泌的黃體荷爾蒙的作用，使得乳腺更加發達的緣故，這是為了給新生兒哺乳做準備。乳房具有二十條輸送奶水的乳管，每條都通向乳頭。

▼胎兒尚在母體之內時，因為黃體素的命令，不會分泌奶水。但是當產下嬰兒之後，子宮收縮的信號送到腦部，腦下垂體就會分泌催乳荷爾蒙以及催產素（Oxytocin）兩種荷爾蒙。

催乳素可以促進乳腺內乳汁的分泌，催乳素則可以促進乳汁的排出。當嬰兒吸引乳頭時，催產素的分泌會更旺盛。

在分泌乳汁的期間，卵巢分泌荷爾蒙的作用會受抑制，因此月經會停止。如果嬰兒不吸乳，母親的乳房會因乳汁太多而發脹，十分難過，因此嬰兒吸乳時，不但嬰兒感到滿足，母親也很舒適。

▼由這點看來，人造的母乳實在違反自然。

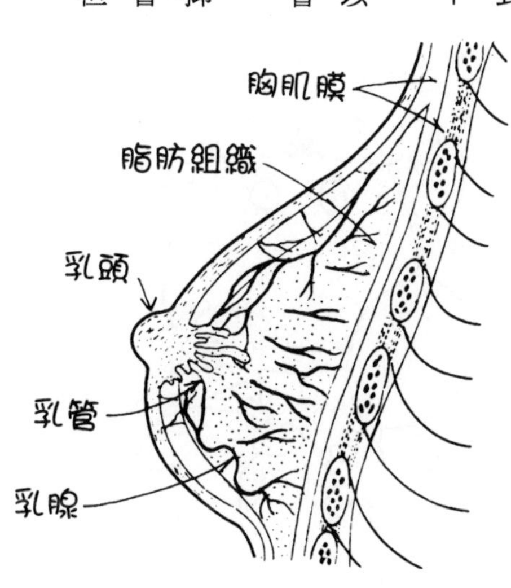

乳房

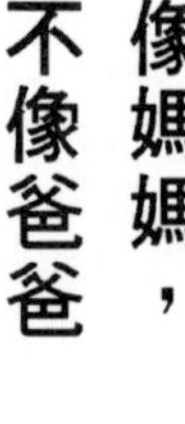

像媽媽，不像爸爸

▼大家看到新生嬰兒，最常說的就是「啊！眼睛和鼻子跟爸爸一模一樣！」或是「簡直就是媽媽的翻版！」有些像媽媽的女孩，很可能她的媽媽沒有爸爸漂亮，因此不免會埋怨：「為什麼我像媽媽，不像爸爸！」

▼不管是像父親還是像母親，都是遺傳作用的關係，如果光是面孔像，還沒有什麼問題，就怕是接受了遺傳性的疾病，後果就不堪設想了！

▼負責遺傳的，是遺傳因子，遺傳因子散佈在細胞核內的染色體上。人的染色體有四十六個，其中有二個是決定性別的性染色體，其餘的就叫常染色體，因此，一些形質，像禿頭、左撇子、血型、智慧等，都會一成不變地遺傳給下一代。遺傳因子是排在性染色體上或常染色體上，往往也會有不同的效果。

▼遺傳的形式有四種，分別為「常染色體顯性遺傳」、「常染色體隱性遺傳」、「性染色體顯性遺傳」、「性染色體隱性遺傳」。所謂的顯性遺傳或隱性遺傳，

37

是指遺傳性質會出現的強弱程度而言，舉例來說；具有藍色眼睛和黑色眼睛兩種遺傳質的人，一定是黑眼睛，因為黑眼是顯性遺傳，其他像長睫毛、黑色頭髮，也都是顯性遺傳，相反的，藍眼睛、短睫毛、棕色頭髮，都屬於隱性遺傳。

▼有一種疾病叫血友病，出血時即流血不止，無法止血。又有一種病叫色盲，無法分辨彩色。這兩種疾病的遺傳因子都排列在性染體上，其遺傳性質與性別有關係，稱為「伴性遺傳」。伴性遺傳屬於隱性遺傳，通常都在Ｘ染色體上，因此受精卵若為ＸＸ，就不會表現出來，但若爲ＸＹ，就會表現出來。所以這兩種疾病往往只有男性才有。

▼染色體的異常，會引起各種畸形，而染色體本身很容易受藥物或是放射線的影響，因此孕婦不可以亂吃藥，例如荷爾蒙劑、安眠藥等。

▼遺傳學如果再發達，即可在事先除去異常的遺傳因子，使得不良性質的遺傳從此消除。

遺傳

人工授精並非新科技

38

▼十四世紀的一本書『阿拉伯的故事』中，有一篇提到將純種馬的精液注入雌馬內，可見得當時已有了「人工授精」，並非現在才有，「日光底下沒有新鮮事」，真是一點也不錯。

▼我們應該注意的是：「授精」並非「受精」，授精是將雄性的精液注入雌性體內，而受精是卵子與精子結合。授精的目的是要讓卵子受精，但是却不能保證一定會有效果。

▼授精有兩種方法，一種是利用性交，以自然的方法授精；另一種方法是以工具將精液注入雌性體內，並非自然的方法，這就是人工授精。人工授精可以進行，但人工受精却是可遇不可求的。

▼關於人類的人工授精，我們將在「試管嬰兒」那一章中再加說明，現在來談談動物的人工授精。

▼證明哺乳類動物可以用人工授精的方式來進行受

精的，是在一八七〇年，由義大利的生物學家史巴藍滋尼實驗成功。他是以狗做試驗，當時對於精子、卵子、細胞等的知識還很淺，因此後來這個研究工作並沒有什麼進展。利用人工授精來改良家畜的品種，增加繁殖的事，是在二十世紀以後才積極地研究。

▼動物的人工授精法是：先製造一個人工陰道，放在發情的雄獸性器上，以收集精液。精液經過檢查，再以攝氏二～四度的溫度保存。保存的期限因動物而異，最好是立刻使用最為理想。牛可以保存四天到五天，綿羊和山羊可存三天到四天，馬的半天，人則是十四到三十六小時。這些精液用注射器一類的工具在母獸身上注入。其中精液所含的精子數以及注入的方式，都因動物的種類而異。但是純種動物的繁殖，卻不用這個方法，還是以自然授精的方式來養育下一代。

人工授精之一

39 久婚不育的男人

▼在這個世界上，有很多夫妻都沒有小孩。不能生育的原因，可能在男方，可能在女方，也可能雙方都有毛病。甚至性交的時間，當時雙方身體的狀況，也都會有關聯。像這樣的夫妻，借助於人工授精的不在少數。

▼人類的人工授精在基本上與動物的一樣，先由男性身上取出精液，再經檢查看看有無異常，然後再配合女性的排卵期把精液注入女性的陰道內。

　精子的授精能力是在十四到三十六小時，卵子的生命則為二到二十四小時，因此，想要受胎，必須在這段時間之內進行，當然還有許多相關的條件，因此可說是件靠運氣的任務。

▼要借助人工授精的夫妻，多半是其生殖器有缺陷，在男子來說，常見的是無精子症或精子過少症。通常成人一次的射精量是二到六毫升，一毫升中約有五千萬

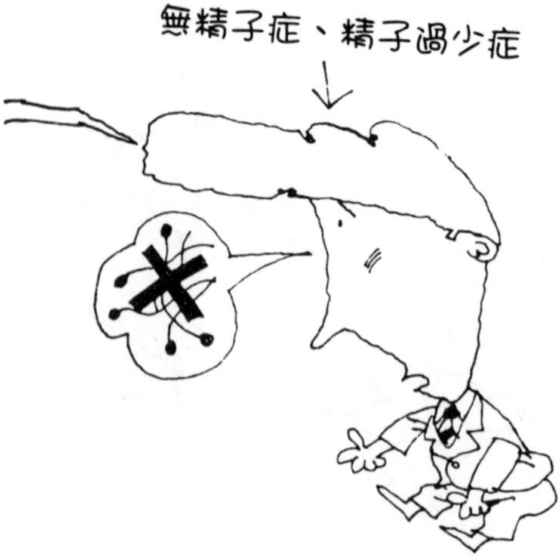

至六千萬個精子，其中能與卵子結合的，只有一個。也許你會覺得其餘的都浪費了，數目不需這麼多。

事實上並不然，如果一毫升精液的精子數低於兩千萬時，就稱為精子過少症，這種精液的鹼性過低，經過酸性很強的陰道時，精子均無法生存，在這種情況之下，不易受精。

▼這樣的夫妻做人工授精時，必須使用其他男人的精液，當然最好是用丈夫的精液，可是在生理學上沒有可能時，只好用別人的了。這時必須要取得夫妻雙方的同意，至於精子的提供者，醫生有保密的義務。

▼人工授精生下的孩子與自然受精生下的孩子，完全一樣，並沒有什麼差別。

人工授精之二

40

要試管，不要媽媽

▼一九七八年世界最大的新聞，便是試管嬰兒的誕生。有的人不明究裡，看到報紙上的標題「試管嬰兒」，就以為那個小孩是在一根試管中誕生的，但是看到照片，却又見到嬰兒抱在母親懷裏，不免會有點莫名其妙。

▼此次試管嬰兒的成功，最大的功臣是英國劍橋大學的生理學家愛德華博士，以及奧特翰醫院的史蒂夫醫生。所進行的程序大概如下：

從輸卵管有缺陷的A夫人體內取出卵子，置於試管內與其夫的精子結合，光就這一個步驟，就不知道失敗了多少次，因為在體外受精非常困難，這點我們以後還會再提到。卵子受精之後，再植回母體的子宮內，十個月後平安的生產。

▼也許有人會問：為什麼要用試管？用其他的器具

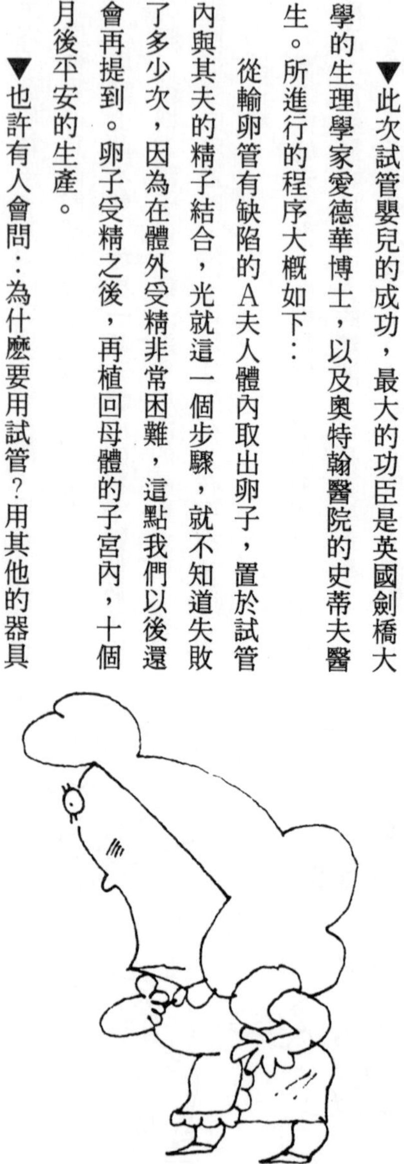

不可以嗎？用試管的目的乃是便於操作，而且透過玻璃，可以觀察當中的情況，確定是否受精成功。至於胎兒的發育，則必須在母體內，因為現在還不可能製造與母體完全相同的子宮或胎盤，究竟，那是人類經過幾億年的進化才得到的生殖、生產的器官，不可能以人工的方法製造出來。

▼事實上，就僅是在試管內受精的這一點來說，已經非常困難，卵子必須在與輸卵管相同的環境與條件之下，才能受孕成功。

▼哺乳類的試管受孕成功，首次是一九五九年，所用的試驗動物是小白兎。人的卵子試驗成功是在十年後，當時經過無數次的失敗，最後在試管內放入母體的體液，才使得試驗成功。「試管嬰兒」的受孕成功，使目前還沒有孩子的母親，又燃起一線生機。

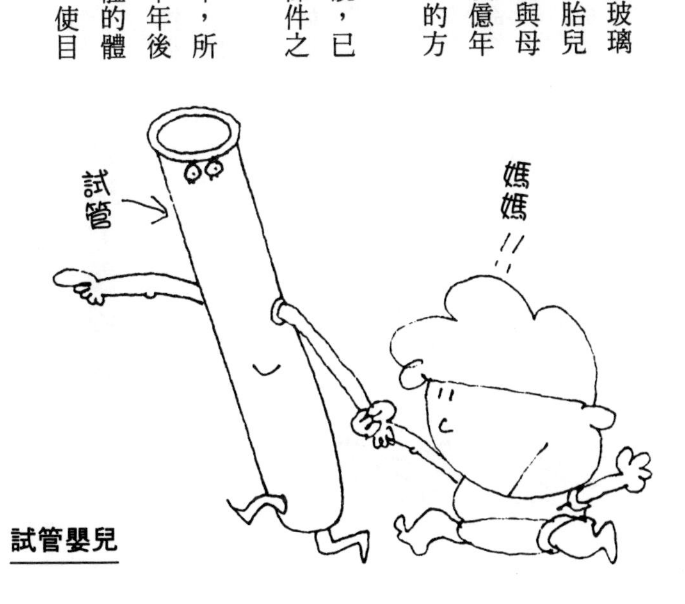

試管嬰兒

41 性權寶座要以力量爭取

▼通常的婚姻制度，是一夫一妻的形式，因為人類有智慧有文明，有社會制度。但是動物就不同了，牠們是憑著性與遺傳，依照大自然的安排。

▼行一夫一妻制的動物，最具代表性的是狠。雄狠在母狠生產之後，會勤奮地外出找食物，帶回巢內餵自己的妻小。

▼過團體生活的動物，則多行一夫多妻制，例如猴子。一群猴子中，有一隻猴王，牠的身旁總是圍繞著許多母猴和小猴，年輕的公猴多半散佈在最外圈。

猴王是這個集團的領袖，在性方面也不例外。年輕的公猴也不會理睬牠們。這種方式是野生動物的生命法則，因為只有最強而有力的，才有延續子孫的權力，則其後代也一定遺傳其堅強有力。這是大自然最合理的安排，也可以說是優生學的見證。

▼海狗也是一夫多妻制的動物。到繁殖期時，海狗們都集中在北洋海上，為了搶奪伴侶，公海狗們彼此爭風吃醋，誰的力氣大，誰就得勝，勝利的會佔一個最舒適的地方，被打敗的，就被趕到連母海狗都不想去的地方。勢力強大的頭目，往往擁有一百隻以上的海狗，由此可想而知其體力之旺盛了！

▼公海狗在繁殖期間不吃不喝，不停地進行性活動，因此體力也逐漸衰弱。被趕到外圍的年輕公海狗就會趁頭目精疲力竭的時候向他挑戰，打贏了，就可以登上王座，享受性方面的權力。

一夫多妻

42 青出於藍而勝於藍

▼有句俗話說：「鳶可生鷹」，這句話與「青出於藍」的意思相同，也就是說下一代要強過上一代。這種情形只有兩性生殖才有可能。因為兩性的結合，會產生各種不同的遺傳形態的組合，有些就會因此產生特別優秀的下一代，以促進進化。

▼在不久以前，人類一直以為只有高等的動植物才行兩性生殖，事實並非如此，就以人類最討厭的大腸菌來說，人類一直以為牠們行的是分裂生殖，結果美國的伯賀和狄達姆兩人經研究發現了大腸菌所進行的，居然是兩性生殖，換言之，在我們腸內的大腸菌，也有雌雄之分。

▼大腸菌很小，必須用電子顯微鏡才看得見，在電子顯微鏡下，雄雌都呈橢圓形，但是雌菌的體形較長，最明顯的，是雌菌具有「性纖毛」，性纖毛呈辮子狀。

通常雄的大腸菌具有一支或二支的性纖毛，當做陰莖使用。如果有兩支，就可同時與兩隻雌蟲交尾。

▼大腸菌除了做兩性交尾之外，雄蟲與雄蟲也會進行類似同性戀的交尾，也有雌蟲變成雄蟲的變性形態，由此推測，大腸菌在性的分化方面，尚不完全。

▼除了性方面的活動之外，人類也對大腸菌的其他方面做研究。大腸菌各具有不同的體質，有的怕鏈黴素（抗生素的一種），一遇到鏈黴素就會死亡，有的却不怕，反而增強其抵抗力。有的若缺乏維他命B_1就無法繁殖，有的却不受此牽制。如果將怕鏈黴素，而不受維他命B_1影響的種類與不怕鏈黴素，而受維他命B_1影響的種類結合，就會產生不怕鏈黴素，又不受維他命B_1影響生殖的超級大腸菌。這表示此種大腸菌承受了好的遺傳，這乃是兩性遺傳的優點，也是大腸菌會進化的原因。

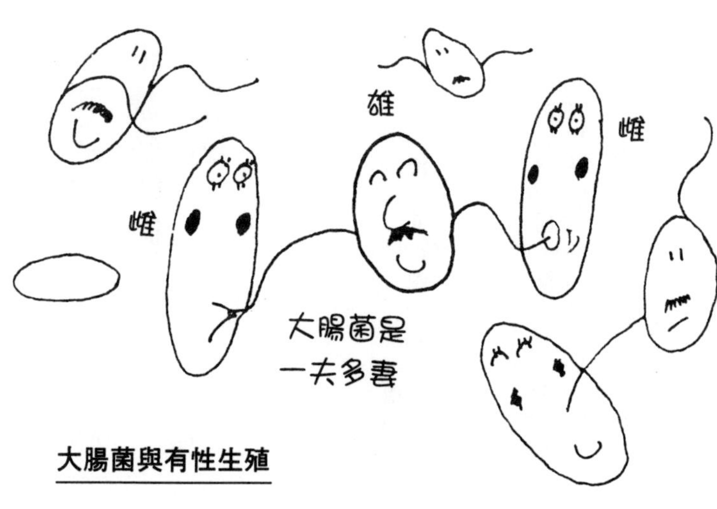

大腸菌與有性生殖

43 ♀和♂的記號是如何產生的

▼相信大家都已經知道♀和♂是雌性與雄性的表示符號，但是哪一個是雄？哪一個是雌？也許有人常常弄混，現在就來告訴你辨別的方法。

▼♀就像一面鏡子，象徵愛照鏡子的女人。♂則是一隻槍和一個盾的形狀，表示好戰的男人。

▼首先以這兩個符號來代表雌雄的，是十八世紀的分類學權威，瑞典的林奈（Linne）。

▼♀和♂本來是占星術金星和火星的代表符號。占星術起源於紀元前數千年。古代人智慧未開，對於大自然心懷畏懼，尤其是將肉眼看得見的五個行星——水星、火星、金星、木星、土星稱之為「告知者」，認為那些行星的動態、顏色等現象，是在預言人民的命運。

▼幾乎每個民族都注意到金星美麗的銀光，每夜的運行都有變化，因而產生了許多神話和傳說，例如：古代巴比倫人認為金星是位女神而加以崇拜，希臘人則認

符號	星	金屬
☉	*Sun* 太陽	*Gold* 金
☽	*Moon* 月亮	*Silver* 銀
♄	*Saturn* 土星	*Lead* 鉛
♃	*Jupiter* 木星	*Tin* 錫
♂	*Mars* 火星	*Iron* 鐵
☿	*Mercury* 水星	*Mercury* 水銀
♀	*Venus* 金星	*Copper* 銅

為是愛與美的女神，稱為艾弗羅底達，羅馬人稱為維納斯。於是他們將女神用的鏡子♀的形狀，做為其代表符號，這種想像力實在很厲害。

▼火星呈現出紅色，使人很容易聯想到血、火焰和戰爭，因此各民族都不約而同的將其視為不祥之星，希臘稱活戰神阿瑞斯（羅馬名則為瑪斯），♂的形狀，象徵著戰神的槍和盾。

▼這些符號在中世紀的時候，與鍊金術發生了關聯，鍊金師認為火星的顏色是生銹的顏色，因此以♂表示金屬類，金星則象徵柔軟的銅，故以♀來代表，其他的記號分別是：金子是最完全的貴金屬，以太陽☉為記號，銀子以月亮☽為記號。這些用法一直延續到十九世紀瑞典化學家哲林（Berzelius）發明了元素符號為止。元素符號是以文字來表示元素，如：金——Au，銀——Ag，鐵——Fe，銅——Cu。

雌雄的記號

44 花期短，生殖快

▼植物到底有沒有雌雄之分？有人會說有，有人會說沒有。正確的答案應該是：有的有，有的沒有。無雌雄之分的植物所行的是無性生殖，具有代表性的是，綠藻所行的分裂生殖。

▼無性生殖中，有一種稱為「營養生殖」，就是多細胞生物體的部分脫離母體之後，自己能繼續生長。例如將半支蓮（松葉牡丹）的樹枝剪下插在土中，切口就會發芽，下端會生根以吸收營養。菊花、葡萄等植物，都是可用此法繁殖。

▼菊花、葡萄等植物不但可行無性生殖，也可行有性生殖，因為這些植物同時具有雄性與雌性兩種生殖器。植物的生殖器是哪一個部位呢？就是花朵。花內有雌蕊和雄蕊之分，也有的植物雌花和雄花是分開來的，雌花內只有雌蕊；雄花內只有雄蕊，這類植物中最具代表

性的，便是銀杏

▼古希臘學者亞里斯多德認為植物沒有性別，但是他的學生狄奧弗拉斯塔（Theophrastos）觀察棗椰子，發現這種植物有雌雄之分，因此認為植物有性別。

▼生殖器的作用，就是為了要繁殖後代，負責傳宗接代的任務。我們前面也已提到過，壽命愈短的生物，性的成熟愈早，植物也一樣。因此當你打算給植物施肥時，必須知道營養給得多，其生殖器的成長反而慢，也就是花開得晚。

相反的，如果只給最低限度的肥料，花就開得早。花期短，表示其生殖快。

45 動物的在下，植物的在上

▼有很多父母喜歡以植物為例子，做為子女性教育的教材，例如：「小寶，你看這朵花好漂亮，你仔細看看，旁邊這些是花瓣，中間那根最粗的是雌蕊，周圍一圈是雄蕊。當花朵枯萎的時候，為了要留下種子，雄蕊和雌蕊就會靠在一起。你看！雄蕊上不是有很多花粉？這些花粉會黏在雌蕊上，這樣就會產生種子了！」小孩子聽了，可能會問：「那我也是這樣生出來的嗎？」很多大人聽了這種話卻又變了臉色：「以後再告訴你，不要亂問！」

▼像這種態度，實在不好。性教育不妨直接了當，拐彎抹角的說明，有時反而把小孩子弄糊塗。花的授粉雖然不是複雜的過程，但是太小的孩子無法了解，還不如把真實的情況告訴他們。事實上，小孩子大多知道自己是父母的愛情行為所帶來的，這個道理就像聖誕老人

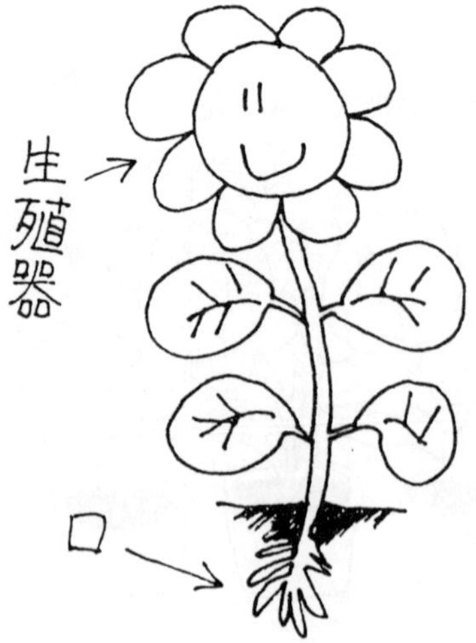

是爸爸裝扮的一樣自然。

▼拿人與植物來比較，是非常幼稚的做法，因為無論在那一方面，人和植物都有顯著的差別。以外形來說，人是直立的，植物也是直立的，但是，攝取營養的器官，植物的在下方，人類的口在上面。擔任生殖工作的器官，人類的在下方，植物的——花——則在上方。

▼高等植物的雄性生殖器為雄蕊，雌性生殖器為雌蕊，多半的花都是同時具有雄蕊和雌蕊，也有的花只有雄蕊，稱為雄花，只有雌蕊的，則稱為雌花。有的植物是雄花雌花同株，有的是異株。雌雄蕊不同花的叫單性花，同蕊的叫兩性花。蘭花、玉米、銀杏、蛇麻草等，都屬於單性花。

▼亞里斯多德在植物學方面犯了一個很大的錯誤，因為他說：「植物沒有雌雄之別，行自家生殖，因為植物不會動。」

植物的性

▼西瓜很好吃，但是西瓜子太多，吃起來可真麻煩，於是人類就想出了無子西瓜的栽培法。種子是植物藉以傳宗接代的重要部份，因此它的外表都有一層很厚的種皮，除非是處在極為適合生長的環境中，否則不會發芽。某博士曾挖出了一顆兩千年前的蓮花種子，這顆種子以化石的狀態持續了兩千年之久，後來遇到合適的環境，才開始發芽。有些種子即使被動物吃進肚子裏，也會原封不動的排出來，排出時因為伴著糞便，剛好就可做為肥料，在此生根發芽、成長變大。

▼果實是由果肉和種子構成的，果肉柔軟好吃，種子就不同了。也許你會說，有些果實並沒有果核（種子），例如香蕉。其實我們現在所吃的香蕉，叫「食用香蕉」，是利用細胞遺傳學的技術使種子消失栽培而來的，野生的香蕉就有種子。

▼無子果實的栽培法有很多種，下面所介紹的，是

46 無子果實的栽培法

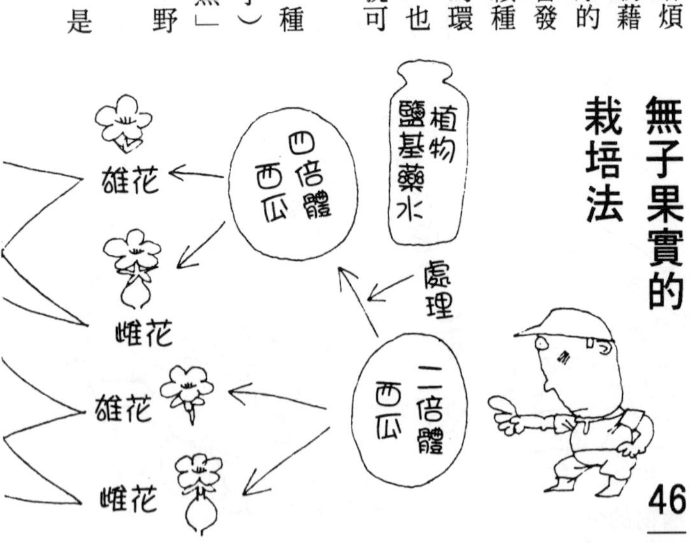

較具代表性的。植物的細胞具有染色體倍數性，這種為了正常生長和繁殖所必須的染色體最小單位叫做「genom」。生物存在的最低限度，是需要一個「genom」，植物的體細胞通常有兩層「genom」。所謂的倍數性，就是指「genom」的重複現象，無子果實的秘訣，即在於此。

▼用植物鹽基（Colchicine）藥水來處理二倍體的西瓜，使其變成四倍體，再讓此四倍體的西瓜之雌花與二倍體西瓜的雄花結合（4＋2）÷2＝3，則產生三倍體的西瓜。再讓三倍體的雌花與二倍體的雄花結合，因為三倍體的雌花「genom」不完全，因此無法製造種子，只有子房（果肉部分）發達。無子西瓜就是如此而來的。

▼這種方法並非適用於任何水果，只限於具有不受精也可用刺激法使子房長大這種性質的水果（單為結果），例如香蕉和鳳梨等。

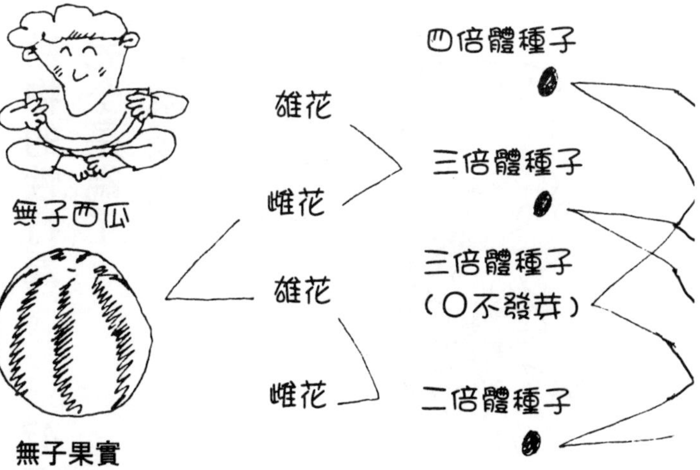

四倍體種子
雄花
三倍體種子
雌花
三倍體種子
（○不發芽）
雄花
雌花
二倍體種子
無子西瓜

無子果實

47 動物的性行為完全是為了延續後代

▼有雌雄分別的動物，必須雌雄交尾才能受精，除此之外，並沒有其他的方法可以繁衍後代。所以各種動物有發情期，時候一到，就四處尋覓伴侶，以便傳宗接代。大至海洋中的鯨魚，小至泥土裏的鼴鼠，都具有追求異性的本能，這是自古以來都沒有改變過的。

▼動物的性行為中，最具活力的是鯨魚，牠那身長二十公尺的龐大身軀，具有驚人的力量，其中力量最大的，是抹香鯨。

交尾的時候，雄鯨與雌鯨浮在海面上，腹部相向，前鰭則彼此拍打，表示愛意。其他的雌魚在水中支撐著這一對的身體，交尾之後，原來的雌魚退下，而由剛才撐著牠們的雌魚上陣。

▼對追求異性不遺餘力的猫和鼴鼠，都是行一夫多妻式的性生活，尤其是猫，其交尾行動近乎亂倫。在動

物中，採取一夫一妻制的不多，大部分都是一夫多妻。也許你會覺得動物太好色，其實不然，他們的性行為純粹是爲了繁衍後代，沒有其他目的。

▼那麼，人類的性行為有什麼目的呢？『裸體猴子』的作者德思蒙·莫里斯認為：人類的一夫一妻制度，是當人類的祖先由森林走向平原，過著同心協力的狩獵生活時漸漸形成的社會制度。這樣使得人類形成了許多集團，以建立部族、社會。

在這樣的過程中，人類的性生活便脫離了生殖的目的，產生各種花樣。

這樣的結果並非全然都是壞的，至少在娛樂文化方面，有了新的啟示。

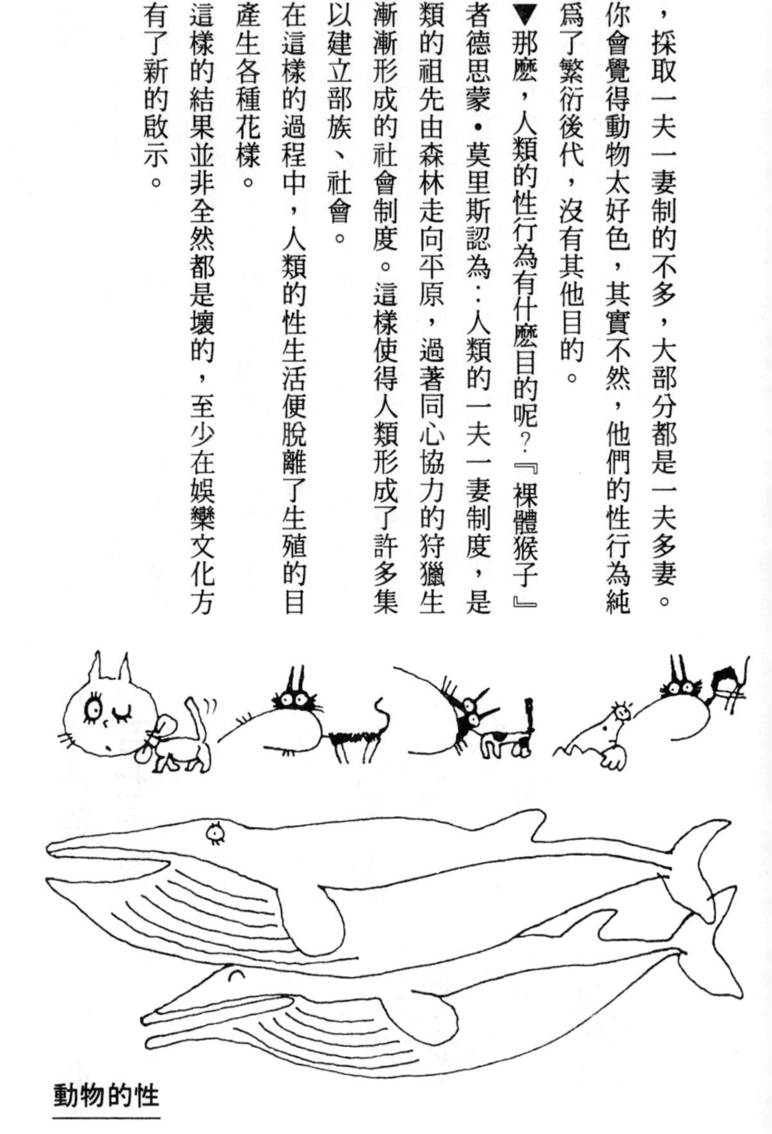

動物的性

48 六十小時一百七十次

▼獅子被稱為「百獸之王」，人則自封為「萬物之靈」，雖然都是動物，人總認為自己比較高等。不過，進野生動物園的時候，偉大的人類還是要躲在車子裏面，要不然就會被獅子吃掉。

▼有史以來，獅子一直是勇猛剛強的象徵，是勇士及高位者的標幟。不過，近代以來，獅子又有了新的形象了，那就是——性力旺盛的象徵。尤其是母獅子，其性活力之旺盛，有人做過記錄，一隻發情的母獅子在六十小時之內，曾交尾了一百七十次。

公獅子的最高記錄，是五十小時一百五十次，這些記錄正是「百獸之王」的證明，如果獅子不夠強壯，也不會有這個美名了！

▼獅子過的是群體生活，通常是一頭母獅，數頭公獅及十數頭小獅子組成，而公獅與母獅的任務也很令人

不解，牠們是由公獅子保護小獅子，而由母獅出去打獵來餵懶惰的公獅。因為母獅比公獅跑得快，而且性情更兇猛，所以比較容易獵到食物。

▼獅子的生活，很悠閒，牠們一天要熟睡十到十五個鐘頭，休息假寐四個小時，實際活動的時間才一～七個鐘頭。這樣的生活，真是具有王者之風。

▼母獅子會對公獅子那麼好，可能是為了能夠得到公獅子性的服務。

因此，性能力弱的公獅子，沒有一隻母獅子會理牠，這種雄獅子就只好自己去打獵了。

獅子的性慾

49

賽馬與種馬

▼賽馬始於英國，現在已經風行全世界了。賽馬的原始目的，是要選出跑得最快、體格最好的馬做種馬。賽馬的原名為thorough-bred，意思是「完善的飼育管理」。

▼根據遺傳法則，優秀的上一代產出優秀下一代的或然率比較高，種馬就是徹底的利用這種法則。先是利用賽馬會挑選出最優秀的馬，再讓優秀的雌馬與其結合。雄馬本身沒有選擇雌馬的權利，即使偶而發生這種事，所生出的小馬也不會被當做純種馬。因此，優良的種馬都具有一百年左右祖先到現在的血統證明書，才能算是純馬。

▼以日本來說，每年生產八千頭以上的純種馬，其中能夠參加賽馬會的，約有兩千頭，而能成為種馬的，只有數隻。這些馬的大部分在一兩年之內就漸趨衰弱，

變成馬肉香腸，或是被送到騎馬俱樂部去。

▼但是在達比杯、皇家杯，有馬紀念杯等獲勝的純種馬，其後半生也很辛苦，因為在一年中，要做數十次的交尾，如果交尾生出的馬兒在比賽中表現不好，交尾費就得降低，在牧場上所受的待遇也會變差。如果生出的馬兒跑得快，那麼，前來問津的馬主就絡繹不絕，這實在太現實了。

▼依或然率來說，強壯的公馬生出強壯的小馬，其可能性較大，但這與母馬的體能也有關係。有些獲獎的名馬，其後代却很平庸。不過大概說來，名馬的後代大多是青出於藍的。

種馬

50 畫蛇添足

▼很久很久以前，有個人畫了隻蛇，畫完之後，又在蛇腹下添上了腳，結果被人引為笑談，以後就拿「畫蛇添足」來比喻那些多此一舉的事。不過，蛇真的沒有腳嗎？畫蛇的人一定要先觀察過蛇之後，才會下筆，難道他會把蛇身上沒有的東西畫出來嗎？

▼如果去請教動物園的管理員，他會告訴你：蛇的確沒有腳，不過，雄蛇身上有個東西倒很容易被人誤認為腳，那就是雄蛇的兩條生殖器，這性器平常是看不見的，因此，大多數的人都無法分辨蛇的雌雄。但是，對喜歡吃蛇的人來說，蛇鞭卻是他們很熟悉的東西。那位畫蛇添足的人，很可能就是將蛇鞭誤為蛇足。

▼蛇鞭的形狀很可怕，上面充滿了刺，又有瘤，看了都會不寒而慄。

▼蛇鞭有兩隻，這倒是很稀奇的事，為什麼造物主

「畫蛇添足」有一半是正確的

要給牠兩隻生殖器?因為蛇既無手又無脚，交尾時無法壓抑住雌蛇，於是以一隻代替手腳的作用按住雌蛇，另一隻進入雌蛇體內。蛇鞭上的刺此時會自動收縮，以免傷害到雌蛇的身體。

▼蛇或石龍子一類的爬蟲類，其生殖器內沒有管，以蛇來說，有一條深溝，精液就從裏面排出。

▼蛇因為身體很長，交尾時兩條蛇纏在一起，密著度很高，如果故意去打擾，也不會分開，而是兩隻一起拖著跑。蛇有胎生的蛇(蝮蛇)與卵生的蛇(縞蛇)兩種，因此有的蛇會直接生出小蛇來。

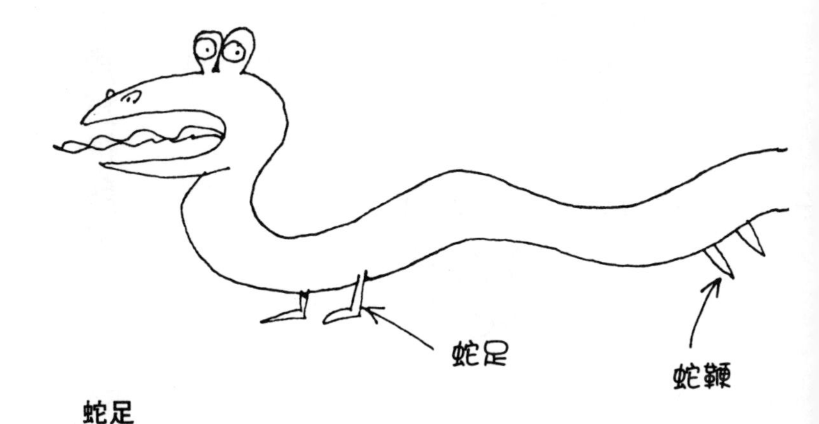

蛇足

51 章魚爲情所苦

▼在英語devil fish的俗稱中，稱章魚為「惡魔之魚」，因為章魚的外表看起來很恐怖，所以，會有這個名稱，章魚有兩百多類品種，有些看起來的確會令人感到害怕。

章魚是軟體動物中的頭足類，所以，看起來好像只有頭和脚，其實那個「頭」是身體，裏面有內臟，在身體與脚之間的眼睛部分才是頭，裏面有腦子，由此可知章魚身體排列的方式與一般動物不同，更稀奇的是，牠有八隻脚（烏賊則有十隻），牠的嘴，是長在脚的上方根部，構造真是奇特極了。

▼章魚和烏賊到了生殖期時，公章魚的一隻脚會成為交接臂，以代替生殖器的作用，這隻脚比其他的脚都來得長，應該稱為觸手才對，但也只是代用品，因為這隻脚中並沒有能夠噴出精液的管腺。公章魚與母章魚交

尾時，十六隻脚纒在一起，也很可觀。公章魚比較熱情，情緒高昂時會在水中跳舞，時而上下跳躍，時而左右擺動。跳舞後，公章魚會擁著母章魚，將交接臂伸入其體內，一個裝有精子的膠囊會在此時輸入母體的輸卵管內。

▼膠囊進入母章魚的體內之後，會開始膨脹，最後破裂，使卵子受精。在交尾後二～三禮拜，母章魚會將卵產在岩石下，卵的數目總共會有十～十五萬粒。母章魚為了不使卵黏上泥土或雜物，會在一旁不停地撥水沖洗，一直到卵孵化為止。小章魚孵化之後，母章魚已經因精疲力竭而死了，這乃是偉大母愛的一種表現。

▼如果將一隻發情的章魚關在水槽中，牠會吃自己的脚，發狂而死。

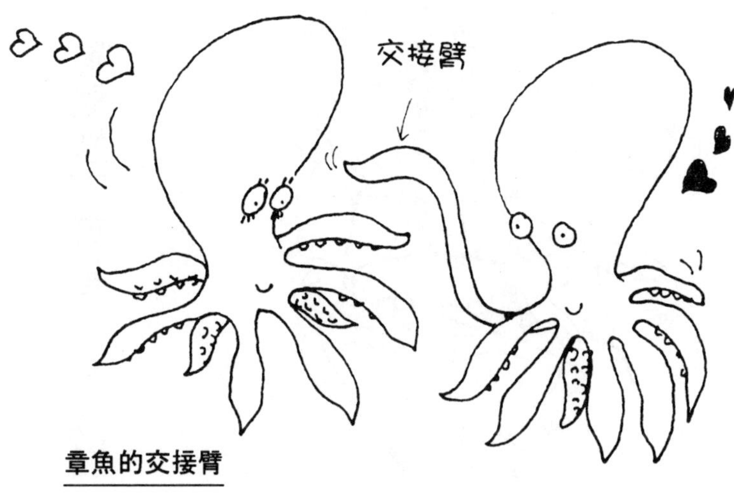

章魚的交接臂

52 狗兒妙不可言

▼狗是人類最忠實的朋友，牠跟人類相處已有一萬年以上的歷史了！牠聰明、活潑，又盡職，是人類生活上的良伴。

▼狗因為長期替人看家，生活在人類的世界中，已經不像其他的動物一樣有繁殖期了，也就是說牠們沒有季節性的發情期。狗兒的交尾很有趣，因為哺乳類（包括人）的陰莖是由海綿體構成的，興奮時，海綿體會充血而膨脹，但是狗兒就不一樣了。

狗的陰莖有骨骼，因此不必等海綿體充血即可勃起而交尾，但是在交尾中海綿體會一再膨脹，在射精之後還無法抽出，短的要等數分鐘，長的要等一小時左右，陰莖才能抽出。

▼當公狗和母狗分不開時，有些小孩會故意去潑水，或用棍子去打。本來公狗是爬在母狗背上的，受到驚

嚇，會改變姿勢，變成臀部接在一起，頑皮的小孩會覺得很好玩，可是這對狗來說，卻是很不好受的。

▼射精之後無法立即抽出陰莖，也有其意義。因為陰莖阻塞在陰道內。可防止精液漏出，提高受孕的或然率。

▼另一件有趣的事是：公狗在什麼時候開始，會抬高一隻腿來小便呢？狗能這樣做，表示牠已經成熟，變為成犬了，但是小狗和母狗卻不會這樣，因為這是雄性荷爾蒙的作用所導致的，所以，這是成犬特有的姿勢，事實上，要以三隻腳小便，需要相當熟練的技術。

▼狗在某地小便，是宣示這是他的地盤，年輕的公狗沒有地盤意識，隨意侵入別隻狗的地盤，所以會受到該地盤狗兒的欺侮。

狗的性器

53 長一公尺，全自動！

▼看到這裏，相信你一定深深感覺動物的性生活比起人類來，更加變化多端！現在筆者以陰莖的大小之比較來做個總結。

▼動物之中，陰莖最大的，當屬大象。據動物園的管理員說，大象的性器直徑有十五公分，長一公尺，睪丸一個重兩公斤。如果真的這麼大，實在很嚇人，可是因為象的性器一直覆在臍下皮內，所以看不見。

▼身軀龐大的象，其性行動却是無比的溫和，這也是大自然的安排，因為大象的體重驚人，稍一動作，可能就會闖禍。

所以，公象的陰莖是全自動的，進入母象體內之後，公象只要靜靜站著，陰莖自己會活動。

▼排名第二的，是赤熊，牠的體重有二～三百公斤，依這個比例來說，其性器自然要比別的動物大，直徑

有兩公分，長二十公分，因為顏色很紅，看起來像紅蘿蔔一樣。

▼排名第三的，是被誤為人魚的儒艮，牠的樣子有點像海豹，體軀很大。有一位喝醉的船夫曾看見過儒艮的性器，還以爲是個人，因爲儒艮的性器和人的幾乎一樣。這種哺乳類的魚，其交尾也和人一樣，會以腹部相對，豎立在水中。

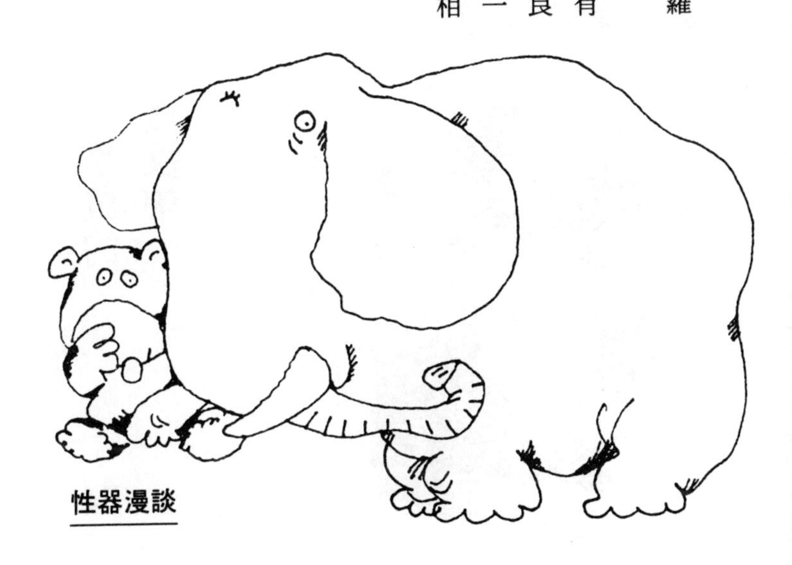

性器漫談

54 天竺鼠的貞操帶

▼在醫學實驗室內，用來實驗的小動物，用的最多的是白老鼠和天竺鼠。尤其是天竺鼠，因為其繁殖力非常驚人，其交尾也很特別。

▼其特徵之一，天竺鼠一年可以生兩次到三次，每次二～八隻，小鼠長得很快，出生之後一天就能自己吃東西，兩個月之後即成熟，可繁殖。這種世代交替的迅速，正適於遺傳的實驗觀察用。而且天竺鼠生性溫和，容易飼養，所以實驗室很愛用。

不過，若是野生的天竺鼠，繁殖力就沒有這麼強了，一年只能繁殖一次，這可能是因為被人飼養的天竺鼠，不用為食物煩惱之故。

▼另一特徵是，天竺鼠的交尾行動，其主動權也是在雌鼠，如果雌的無此意，就無法交尾。

▼雌天竺鼠常在半夜發情，公鼠聞到母鼠嘴或性器

的味道，即可確認雌鼠的意思，如果雌鼠有意，即可交尾。但是雄鼠若太性急，會做出錯誤的判斷，母的尚未發情，就急著去接近，結果是一隻跑，一隻追。

▼天竺鼠交尾時，雄鼠所排出的精液量很多，這些液體進入雌鼠體內後立刻會凝固，將陰道整個阻塞。這種情況可產生兩個效果，一是預防精子漏出，增加受孕率，另一作用是阻止雄鼠繼續交尾。

▼歐洲中世紀十字軍遠征時，士兵為了防止自己不在時妻子和別人勾搭，便發明了貞操帶繫在女人身上，貞操帶上有鎖，要等丈夫從前線回來才能打開。比起此來，天竺鼠的貞操帶要高明多了！

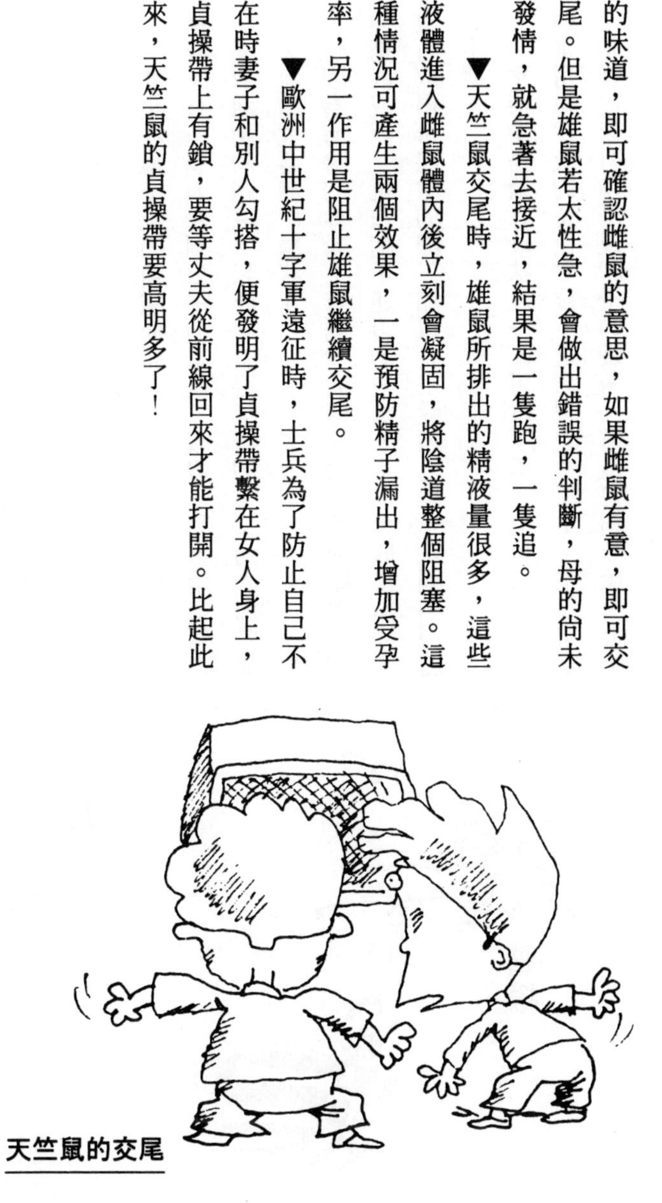

天竺鼠的交尾

55 坐上電椅會遺精

▼死刑有很多種方式，有上絞台、斬首、槍斃、毒氣，還有用電椅。

電椅是美國在一八九〇年開始的。

▼坐在電椅上因通電而死去的男性，會在椅上留下精液。有一個人聽到這種消息後，靈機一動，用這個方法來取海膽的精液。只要用一百伏特的電壓通入海膽體內，海膽就會流出精液。

因為海膽的外殼上有刺，人無法從活的海膽體內取得精液或卵。現在利用通電的方法，不但可取得精液，也可取得母海膽的卵，加以人工受精之後，以觀察海膽的生態。

▼海澹是最好珍味之一，可以下酒，也可以做菜。通常用來拌飯的黃色顆粒，是海膽的生殖巢。生殖巢是海膽體內裝有精子或卵子的袋子。用電力刺激後海膽所

排出的，便是生殖巢。一般人只愛吃海膽的卵巢，事實上海膽的精巢也不錯。

▼將海膽橫剖，可以看到五個放射排列的生殖巢，由生殖巢內含的是精子還是卵，才可辨別海膽的雌雄，平時從外表上，是無法看出性別的。

生殖巢的外觀上，精巢比卵巢白，弄破時，精巢會流出白色的液體。

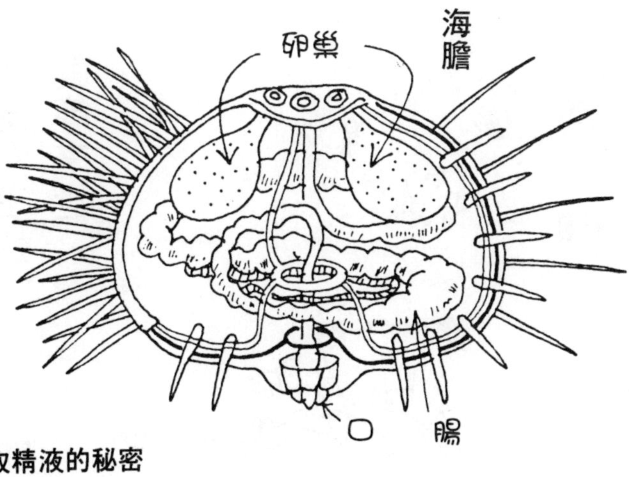

取精液的秘密

56

錯過女王蜂就等來世

▼蜜蜂過的是團體生活，通常有五萬～六萬隻成一巢，其組織很特殊，只有一隻女王蜂，有數百隻的雄蜂，其餘的都是工蜂。蜂蜜就是由工蜂製造的。在這樣一個大家族中，能交尾的，只有兩隻，一隻是女王蜂，一隻是雄蜂。這種交尾一生只有一次。

▼女王蜂一生也只飛一次。在羽化後一個星期，女王蜂就進行她一生中第一次，也是最後一次的處女飛行，當她飛出巢後，數百隻的雄蜂就跟在她後面追。這些雄蜂在巢內白吃白喝，等的就是這一天。雄蜂要比工蜂大，但是女王蜂更大，所以雄蜂根本不可能追得上女王蜂，不過，女王蜂看到有雄蜂飛過來，會放慢速度，與第一隻趕到的雄蜂交尾。在空中交尾的時間僅僅二到三秒，這麼短的時間內，女王蜂所接受的精子就足夠一生排卵用了。雄蜂交尾完畢時，其交接器會斷在女王蜂的

性器上，這也是為了預防精液漏出的緣故。雄蜂交尾後不久即落地死亡。

▼另外沒有趕上的幾百隻雄蜂，只好垂頭喪氣地飛回蜂窩，但是立刻會遭到無情的驅逐。如果是在夏天，這些雄蜂也還能活著，但一到冬天，因為雄蜂沒有吸刺，無法吸取花蜜，結果不是凍死就是餓死。

▼交尾後，精子留在女王蜂體內的精子巢中，以後每天大約生產一千兩百個卵，一共要產下兩百萬個以上的卵。卵會孵化成具有生殖能力的雄蜂、雌蜂，以及沒有生殖能力的雌工蜂。

▼工蜂從具有生殖能力的雌蜂中挑選出一隻最強壯的，做為以後的女王蜂，餵以蜂王漿，給以特別的照顧。蜂王漿是年輕的工蜂從頭部的腺體分泌出來的，其中可能含有促進卵巢發達的成分。

蜜月

57 為愛而死的螳螂

▼有人說，螳螂是昆蟲中的劊子手，這種說法一方面固然是螳螂的外形兇悍。另一方面，是因為母螳螂的殘酷習性聞名天下的關係。母螳螂在交尾甫一完畢，就會把公螳螂吃掉。不過，這並不能歸咎於母螳螂，因為這是大自然安排的，一定有其理由。

▼一位學者曾做了個有趣的試驗，他發現公螳螂的頭切掉之後，其交接器還是像活著的時候一樣，甚至比活的時候還活潑，與母螳螂接近，還是可以交尾。換句話說，有沒有頭都可以交尾，因為交尾行為是由腹部的神經中樞控制。而母螳螂的交尾過程若不順利，不能產卵，因此，為了後代，必須把公螳螂的頭吃掉，使交尾更激烈。

▼會把雄性吃掉的昆蟲，不只螳螂一種，像蠍子和蜘蛛也是。蠍子的主要食物是昆蟲，但是牠很耐餓，一

年不吃東西都還可活著。不過母蠍子在交尾受精後，為了產卵，必須找尋營養，最方便的，便是把公蠍子吃掉。蠍子生長的環境很貧脊，不容易找到食物，因此只要有兩隻蠍子相遇，其中的一隻一定會把另一隻吃掉。這兩隻若為同性，免不了會來一場生死鬥；若為異性，一定是交尾後，雄的被雌的吃掉。

蠍子吃昆蟲的方法是噴出毒液痲醉食物，再將一種消化酵素注入昆蟲體內，不久，昆蟲就會化成液體，被蠍子吸光。母蠍子吃公蠍子，也是用這個方法。所剩下的，只是一付外殼。

▼母蜘蛛也會吃公蜘蛛，尤其是蜘蛛在受精後，特別喜歡蛋白質，而隨手可得的，便是眼前的公蜘蛛。可憐的公蜘蛛，在拼命為母蜘蛛服務之後還會被吃掉！

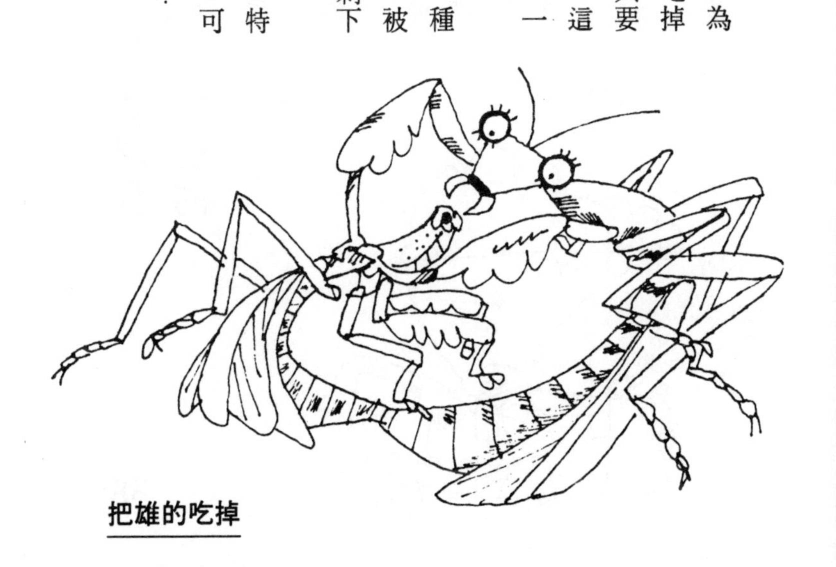

把雄的吃掉

58

殺蟲要殺公的

▼蒼蠅是人類的大敵，從古時候到現在，人類的歷史多少也受了蒼蠅的影響。蒼蠅是許多傳染病細菌的媒介。由於牠的作祟，使得不少人死亡。在這進化過程中滅種的動物很多，但是蒼蠅却安然無恙，其主要原因之一，是蒼蠅有旺盛的生殖力。像這種依靠生殖力而生存的昆蟲，要消滅牠，最好是從牠的生殖力下手，這是科學家們研究出來的最新方法。

▼蒼蠅的性生活頗不尋常，一生中交尾和產卵不停地反覆好幾次，母蒼蠅一旦把卵產在別的動物身上、植物上或器具上時，公蒼蠅立刻追上去要與其交尾，以致母蒼蠅不久又要產卵。蒼蠅的幼蟲可寄生的動物有很多，像：蜜蜂、蜘蛛、螞蟻、白蟻，毛蟲、老鼠、猴子、牛、羊、鹿……等等，人當然也包括在內，除了生物之外，有的蒼蠅居然把卵產在石油內，照樣可孵化。

▼幼蟲從出生到成熟能交尾，只要一個星期。一隻

蒼蠅假如能活五個月的繁殖季節，即可生產一兆隻以上的蒼蠅，這是多麽驚人的數字！好在通常蒼蠅活不了那麽久，加上別的阻礙，生產量倒沒有這麽多，不過，其繁殖力還是比其他的昆蟲厲害！

▼在這個世界上，蒼蠅的種類共有八萬種，其中會給人類帶來災害的，只是其中的部分。大部分的蒼蠅可分解生物屍骸及腐爛的食物，等於是個小清道夫，這個世界上如果沒有蒼蠅，可能充滿了惡臭。

▼不過，對於那些有害的蒼蠅，仍應盡力撲滅。最好的武器，便是蒼蠅的性荷爾蒙。這是母蒼蠅要吸引公蒼蠅時所分泌出來的一種物質，科學家已可用人工方法合成，將這種荷爾蒙混入殺蟲劑中，塗在蒼蠅出沒的地方，公蒼蠅爲這種味道所吸引而來，碰到殺蟲劑就死亡。只要公的死光了，蒼蠅自然無法產下受精卵，數量就會減少了。

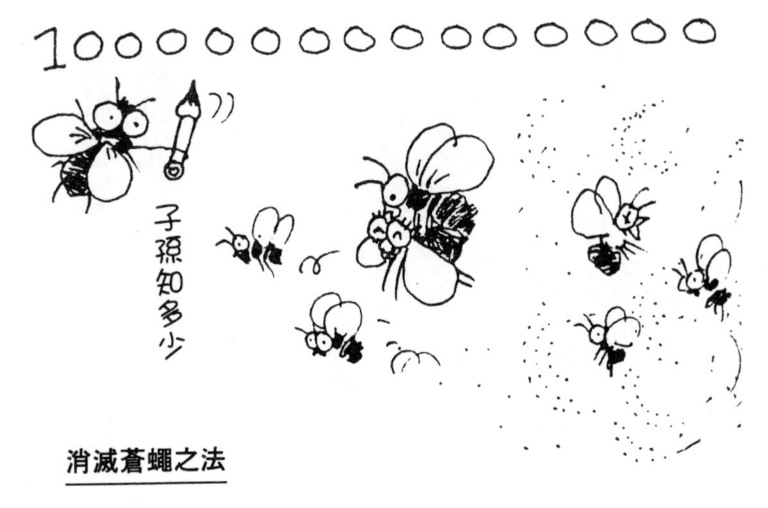

消滅蒼蠅之法

59 愛的信號會發光

▼晉朝時，一個叫車胤的讀書人，他很喜歡讀書，每每讀到三更半夜，但是家裏很窮，沒有錢買油，於是他抓了很多螢火蟲裝在瓶子裏，藉螢光念書，後來果然成為有用的人。

▼這個故事中，螢火蟲的光被美化了，而且是以人的立場來看。事實上，螢火蟲臀部所發出來的光，是傳宗接代不可或缺的愛的信號。

▼目前所知的螢火蟲大約有數百種，其中有的會發光，有的不會。而且，也不是所有的螢類都叫螢火蟲，有的叫蚈，有的叫暗螢、耀夜、夜炤等等。有的除了成蟲會發光外，連幼蟲或卵都會發光。草螢只有幼蟲會發光，成蟲時反而不發光，樺太螢則是只有雌螢會發光。

▼普通人都以為會發光的東西都是熱的，事實上螢火蟲的光是冷的。以電燈泡來說，只有百分之三是光，

其餘都是熱，所以電燈泡很燙。而螢火蟲的熱度只有百分之十以下，其餘的都是光，螢火蟲的光變換效率很好，是以一種酵素的化學能促進發光，其詳細的情況很複雜，所以此處不予說明。

▼螢火蟲發光的目的，是在吸引異性。螢火蟲成蟲的壽命非常短，只有幾天，這幾天行動的目的，是在繁殖。母螢火蟲將腹部朝上，發出一亮一滅的信號。點滅的間隔因螢火蟲的品種而不同，各類的螢絕不會弄錯。雄蟲看見了雌蟲的信號，便會飛過來，靠近時，彼此再發出信號確認一下，通過無誤之後，立刻交尾。

▼在加勒比海（Caribbean）地方，有一種螢火蟲發出的光又亮又持久，當地人抓來包在紗布內，當做車燈使用。

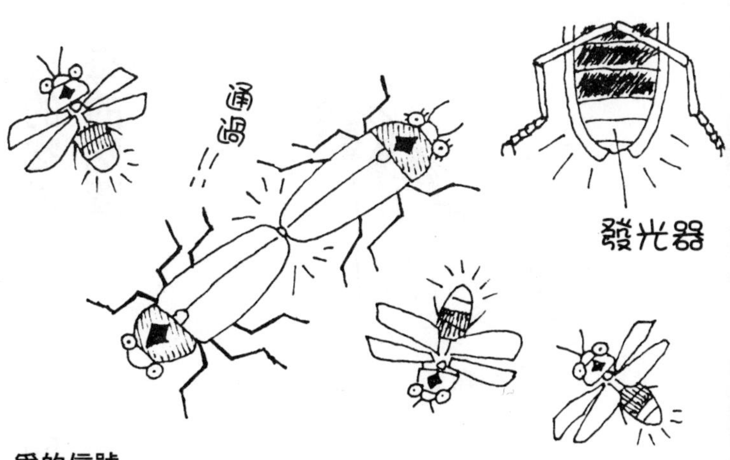

愛的信號

60

公的吃素，母的吃葷

▼夏天蚊子特別多，被叮上一口，奇癢難耐，被吸去一點血還沒有什麼關係，但如果因此被傳染疾病，如日本腦炎之類，那就得不償失了！

▼雖然如此，你可別以為所有的蚊子都愛吸人血，因為雄蚊只吃花蜜或腐爛的果汁，愛吸人血的，都是雌蚊。生物界雖然無奇不有，但是像蚊子這樣，公的吃素，母的吃葷的例子，倒還真是不常見。為何只有雌蚊才吸血呢？因為血液是蚊子體內使卵子成熟不可或缺的蛋白質營養源，如果不吸血，就無法產卵。這種情況與螳螂、蜘蛛一樣。

▼關於蚊子，還有一個很有趣的現象，就是在夏天的傍晚，總有一群蚊子擠在一起嗡嗡亂飛，就是揮手去趕，這一群也不會散開。這種現象叫蚊柱。

形成柱的，都是雄蚊，至於其原因，還沒有研究出

只有雌蚊才吸血

來，很可能是為了要吸引雌蚊的注意，當一群蚊子轟轟作響時，雌蚊會飛過去看個究竟，其中的一隻雄蚊即可趁機展開攻勢。

▼如果飛過去的是一群雌蚊，那就變成集團結婚了，幾百、幾千對蚊子就在空中交尾。由此可見，蚊柱也是求愛的行動之一。

▼交尾之後，精子貯存在雌蚊的受精囊中，待卵子成熟時才受精，為了要使卵子成熟，雌蚊於是拼命的去吸人血。

吸血蟲

61 蟑螂日夜顛倒

▼在人類尚未出現之前，蟑螂就已經在地球上。人類的歷史約有二百萬年，可是蟑螂有三億年！假定有一天，地球的生物大都死光了，相信蟑螂還是活得好好的。蟑螂自我保護的能力之高，是空前絕後的。那麼，蟑螂生存的秘訣是什麼呢？乃是在牠們的生活極為單純，只是吃、睡和交尾。

▼有食物的地方，就有蟑螂，而且蟑螂不挑食，什麼都吃。蟑螂還有一個很聰明的地方，就是牠偷吃東西的方式，使人類不太容易發現，例如一塊乳酪擺在那兒，牠只吃旁邊的屑末，或是啃啃角落，不會大口去咬。盡量用不使人類討厭的方法來偷吃。而且，蟑螂是晝伏夜出的昆蟲，牠專在晚上活動，減少人們對牠的注意，當然，這也是牠高明的地方。

▼蟑螂的交尾與人類相似，不與季節發生關係，隨

放有性荷爾蒙的殺蟲劑

時都可以進行，蟑螂有發情期，發情時會分泌一種性荷爾蒙，以表達自己的慾望。大部分的公蟑螂和一部分的母蟑螂都會分泌此種性荷爾蒙。牠們的性活動都在白天進行，也就是說，白天躲在黑暗的地方睡覺、交尾，晚上才出來找食物。

▼蟑螂的種類有三千多種，其交尾的方法則因種類而異，有的交尾時間長達兩小時。公蟑螂的求愛行動也有很多花樣，有的以尾部相接，有的以觸角相抵，有的去舐母蟑螂的全身，有的完全沒有前戲行為，直接交尾。

▼要消滅蟑螂，其方法與消滅蒼蠅一樣，利用性荷爾蒙加殺蟲劑，予以誘殺。

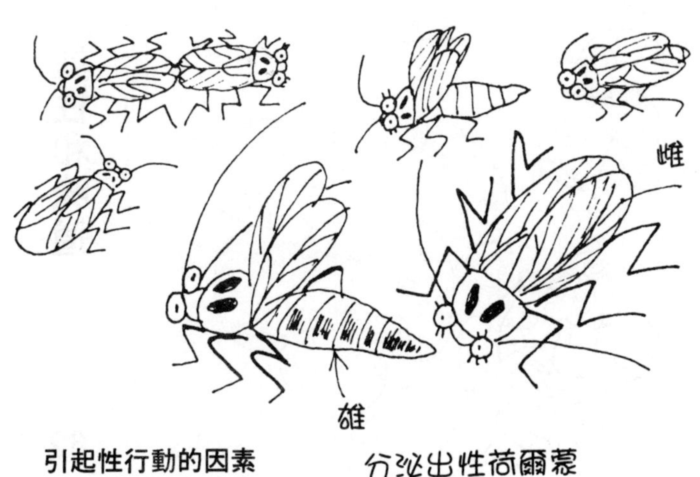

62 異性和味道

▼人類雌雄易辨，光看服裝、外表就可分別男女。但是有很多動物雌雄外表都一樣，實在分不出來，可是在動物本身來說，牠們倒沒有這個困擾，那麼，牠們是憑什麼來判斷對方是異性還是同性呢？

▼依照最新的研究，動物要判別雄雌，與生後的學習有關。科學家曾以老鼠做實驗，將一群剛出生的小鼠雄雌同籠共養，待牠們長大後，就會有頻繁的性行動。有過交尾經驗的雄鼠，能夠敏感地察覺雌鼠發情時所分泌的味道，而去追逐發情的雌鼠，完成交尾行動。

如果將雄小鼠單獨飼養，長大之後，雖也知道雌鼠為異性，但是卻不懂得如何去分辨母鼠是否發情，盲目地去追求，往往會遭到拒絕。

因此，男女共學，或雌雄共學有其必要。

▼就像老鼠一樣，大部分的動物都會有發情的味道

，靠這個味道吸引異性。人的情況如何呢？東方人對味道很敏感，因此，只欣賞淸淡的味道。但歐美人就不同了，他們的飲食以肉食為主，身體會發出強烈的體臭，為了消除體臭，便使用味濃的香水來掩蓋，香水的原料有動物性香料和植物性香料，愈名貴的香水，所使用的動物性香料愈多。

所謂動物性香料，自然是取自動物體內，如麝香鹿、麝香猫，抹香鯨等。

63 愈臭愈興奮

▼情人眼裏出西施，愛侶之間，誰也不會嫌誰臭，這種情況並不只限於人類，任何一種動物，非但不嫌臭，還故意散發出各種體味來吸引異性。

例如，生長於喜馬拉雅山中的麝香鹿，會自腹部臍下的小洞中發出芬芳的味道，來吸引雌鹿，雌鹿聞香，往往不遠千里而來。動物身上會發出香味，是一種荷爾蒙的作用使然。

▼體味比麝香強上好幾倍的，首推臭鼬。臭鼬所發出的味道，來自肛門附近的腺體所分泌出來的液體。液體噴出所及的範圍，可達數公尺之遠；如果被噴到眼睛，會導致暫時的失明，是一種非常強烈的液體。這種人類聞起來其臭無比的味道，對臭鼬來說，卻是異常芬芳的愛之味。

當母鼬噴出臭氣後，遠處的公鼬聞到之後，會超越

草原，穿過森林趕來，當接近時，母鼬會再放出一次，提高公鼬的興趣，然後再開始行動。

▼昆蟲之中，也有以味道來吸引異性的，尤其是專在晚上行動的蟑螂，會分泌出一種特殊氣味來引誘對方。有一飛蛾在兩三公尺之外，即可以觸角察覺母蛾所在的位置，等飛近時，母蛾會發出另一種味道，公蛾便減慢速度，繞著圈子打信號，再與母蛾交尾。

▼動物之中有像臭鼬這樣臭的，但由麝香鹿、麝香猫、抹香鯨等提煉出來的物質，却是名貴的香料，將這種動物香料與花精做適當的調配，即可以做為化粧品的香料。以動物的氣味加在人用的化粧品中，一樣能收到性感的效果，可見無論是人或動物，對味道的反應都一樣。

迷人之香

64 到處都是雌性吃香

▼我們平常看起來又蠢又呆的青蛙，在交尾的時候，卻變得精力充沛、活潑異常，和平時的模樣判若兩樣。

▼青蛙是兩棲類，出生時是在水裏，長大後却多在陸地上生活，這是兩棲類的特徵。既然談到了青蛙的性活動，自然也該談談青蛙的性器，但是青蛙的性器長得什麽樣子，多數人都不知道，通常說來，兩棲類的性器並不明顯，要進化到爬蟲類時，才會有具體的形狀出現，不過比起哺乳類來，爬蟲類的又要略遜一籌了。

青蛙的性器是個總排出口，精液、大小便都使用同一個孔。我們現在以蟾蜍為例，來看青蛙類的交尾。

在衆多的動物之中，以聲音來吸引異性的，當推青蛙為首。尤其是夏天傍晚，草叢裏、池塘邊總會傳來陣陣的大合唱，有時候真是吵死人。牠們的大合唱，主要是在吸引雌蛙前來。

待雌蛙來到了，雄蛙會跳到雌蛙的背上，以前肢緊緊纏住對方，雌蛙在受壓之下，會從總排出口產卵，當卵排出的一瞬間，雄蛙即將精液灑在卵上，使卵受精，這便是通稱的「體外受精」。

▼如果只來了一隻雌蛙，其他的雄蛙就得展開一番決鬥，體弱的甚至會被打死，打贏的雄蛙跳上雌蛙背上時，雌蛙會躍向水邊，因為蛙類的卵必須產在水中。

卵孵化出來的小蝌蚪看不出性別，要等到變成青蛙時才知雌雄，說也奇怪，總是雄蛙居多。

體外受精

65 蚯蚓多奇妙

▼目前的戶外活動中，釣魚風行一時，釣魚必須使用魚餌，蚯蚓便是最主要的魚餌。其實蚯蚓的任務並不是給人類做魚餌。而是改艮土壤，牠在泥土中穿來穿去，可使土壤變鬆，排出的糞便又可使土壤肥沃，是一種非常重要的昆蟲。我們現在就來談談蚯蚓的性生活。

▼蚯蚓一輩子都在泥土中生活，牠怕太陽光，也怕乾燥。其實所謂一輩子，也不過是一年。在這一年中，從卵孵化成幼蟲，再長大為成蟲，以至尋找伴侶，都必須趕快進行。在黑暗的土壤中拼命找，好不容易才遇到另一隻蚯蚓，結果發現對方竟是同性，那有多洩氣！不過，大自然考慮週到，每一條蚯蚓都是雌雄同體，具有雌性和雄性的性器，因此，只要遇到另一隻蚯蚓，立刻可以交尾，不必考慮對方的性別。

▼既然蚯蚓是雌雄同體，那麽，到底牠們交尾時是

採取什麼姿勢呢？有很多搞不清楚蚯蚓的頭尾，其實很簡單，往前走的就是頭，只要觀察一下子就曉得了。頭部附近有粗粗的一圈，叫做環帶，所以由環帶來辨別頭尾也很快。

▼兩隻蚯蚓靠近後，彼此頭尾相接，此時兩隻的男性性器都會勃起，在對方的受精囊中射精，射精完畢立即分開。因為牠們只使用男性性器，所以到此為止，蚯蚓的性活動可稱為同性戀，因為真正的受精還在後頭，在交接之後，環帶會膨脹，因為養分都集中到這裏來了，然後蚯蚓將環帶擠移到頭部貯存卵的地方，讓卵進入環帶，再將環帶移到受精囊中，使對方的精子和自己的卵結合受精。整個交尾過程到此才算完畢。

▼蚯蚓的繁殖完全靠卵的生產，產卵期通常在每年的九月到十月，蚯蚓還有一個奇妙的能力，就是身體的部分如果斷了，還會再生。

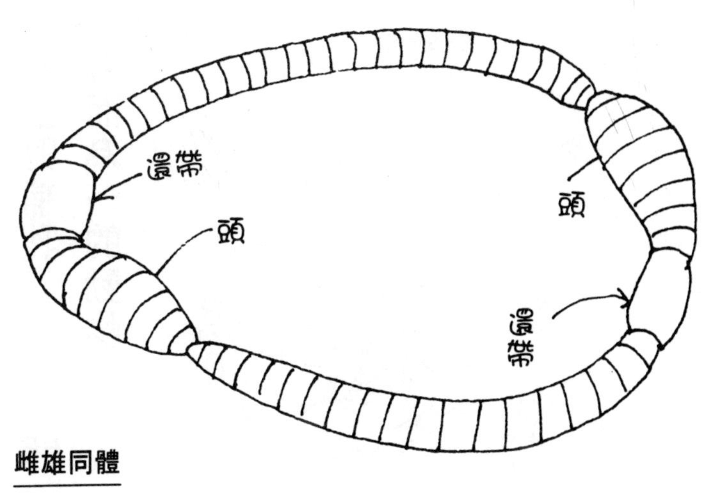

雌雄同體

66

卵生與哺乳合而為一的動物

▼你看過電影超人嗎？故事的開場白是這樣的：「看天空，有鳥，有噴射機……不，有超人！」其實這句話在一百五十年前就有人說了，只是換了幾個名詞，那是英國一位生物學家說的：「看河裏，有鴨，有鼴鼠……不，有鼴鼠鴨！」世界上，我們知道在澳洲有奇妙的哺乳類——鼴鼠存在。

▼其實他所說的又像鴨又像鼴鼠的動物，就是鴨獺。鴨獺是卵生的，可是生出來後却又吸引母乳；照理說哺乳是哺乳類的特徵，哺乳類應出自胎盤。卵生的魚類、昆蟲類、鳥類等都沒有乳頭或乳腺。

▼首次見到鴨獺的這位生物學家，還以為這是人的惡作劇所產生出來的動物，因為牠扁平的尾巴好像海狸，雄的後腿有刺像蝮蛇，前腿則像水獺，身體又有毛，像鼴鼠，嘴巴則像鴨子，走路的形狀可真像鱷魚。

▼生物學家將這種動物解剖，又嚇了一大跳，牠的肛門、尿道口、生殖器都在一起成一條管子，雄的性器

與野狼、鴨子、鱷魚的都很相似。外形是一條管子，但是沒有尿道，只是管子外面有條溝，精液就由此通過。

▼雌獸不像哺乳類一樣有乳頭，但是却有乳汁，乳汁是由腹部的皺摺像汗一樣冒出來，小鴨獺用舐的方式吸進口中，像這種怪動物，生物學家都很傷腦筋，最後把牠列在最原始的哺乳類中。很可能地球上最早出現的哺乳類就是這樣子。

▼鴨獺的繁殖期是八月到十一月，也是交尾季，交尾的時候，雄鴨獺抓住雌鴨獺的尾巴，成對地在水中畫圈，一邊游一邊求愛。交尾之後，母鴨獺會在水邊的沙土中挖一個產卵用的穴，兩個星期後，母鴨獺就會在穴內產卵，產好後再用沙土埋起來。一次產卵通常只有兩個，卵在十天後會自己孵化，小鴨獺在幾天後就會舐乳。

▼鴨獺是澳洲的動物，在澳洲，除了鴨獺之外，還有許多這種與一百萬年的形態相同的動物，這些動物，簡直可稱之為活化石。

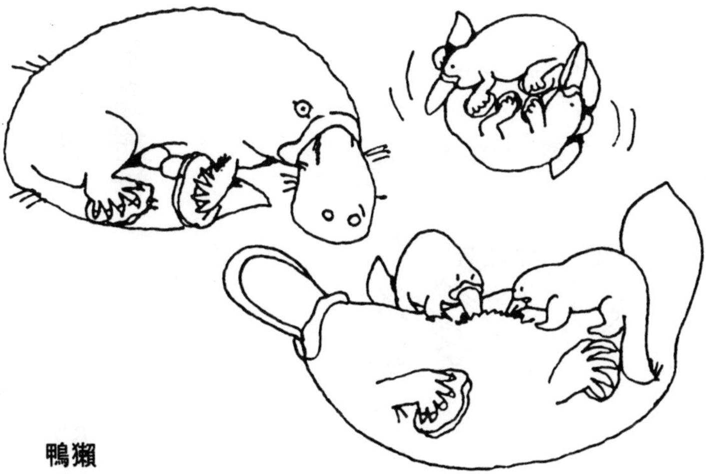

鴨獺

送禮的都是雄性

▼二月十四日，是西洋情人節，每到這一天，女孩子們會選購包裝美麗的糖果、巧克力送給自己的意中人。其實自古以來，送禮示愛的都是男性，現在女孩子送糖給男生，乃是上了糖果公司宣傳的當。

▼會送禮給女方的，不只是人類，自然界中多的是送禮高手，其中堪稱此中翹楚的，是舞蠅。雄蠅會以枯草編成一個籃子，裏面裝上好吃的小昆蟲，送給雌蠅以示巴結，經過這種送聘禮一般的儀式之後，便可以和雌蠅親熱一番，雌蠅自然也將昆蟲籃子丟在一邊，可是交尾之後，雄蠅立刻把昆蟲籃子撿起來，抱著去找另一隻雌蠅，手段如此高明的花花公子，恐怕人類也自嘆弗如吧！

▼加拉巴哥群島（Galapagos Island）有一種窄翅鸕鶿，因為翅膀窄小，飛不起來，是很稀奇的鳥類。

67

到繁殖期時，雄鳥會潛入海底去取海膽、海盤車或海藻等送給雌鳥，送禮的時候，會用牠那飛不起、游不動的小翅膀霹霹啪啪地鼓動著，跳求愛之舞，煞是可愛。

▼澳洲有一種鳥，為了引誘雌鳥來交尾，會先築一個巢，這個給新娘子用的洞房，是樹枝、草莖等編成的，前後都有出口，內部裝飾得十分漂亮，張燈結綵。雄鳥就和雌鳥在新房子裏交尾，之後，雌鳥立刻離開，自己去築一個產卵用的巢，絲毫不佔雄鳥的便宜。

▼魚類中的雄絲魚，也會用水草築個巢，引誘雌魚前來產卵，再使這些卵受精，以培育下一代。

▼無論如何，送禮的都是雄性。為了要傳宗接代，雄性必須多花點功夫。如果你是個男生，又收到了女孩子送的禮物，那就得當心一點了！

愛的禮物

68 女為悅己者容？

▼地板上傳來韻律快速的鞋音，響板使勁地，有節奏地響著，加上鈴鼓和吉他熱烈的伴奏，舞者扭著身軀，以令人喘不過氣來的美妙動作起舞。現在他在你的面前跳著世界聞名的佛朗明哥舞，兩隻眼睛燃著熱情的火焰，深深地盯著你，那快節拍的舞步和使人陶醉的音樂，比任何情書、禮物更具求愛的效果。

▼為求愛而跳舞的，並不只有人類才會，鳥類中為了向母的求歡而賣命跳的名手也很多。一般說來，鳥類的味覺和嗅覺並不高明，而視覺和聽覺却異常靈敏，因此，要向雌鳥求愛，多半以舞蹈、歌唱，或是美麗的顏色來討好對方。

我們常說「女為悅己者容」，可是在動物的世界中，絕大多數都是「男為悅己者容」，尤其是鳥類，具有顏色鮮艷的羽毛的，都是雄鳥。

▼孔雀中，只有公的會開屏，牠那色彩繽紛的羽毛，是為了要向雌雀求愛。牠展開大扇子似的尾巴，在雌雀前面優雅地漫步著，炫耀自己的美麗，其目的，自然是為了引誘雌鳥來交尾。除了駝鳥和水鳥之外，其餘的鳥類多半沒有交尾器，交尾時只是很快的以排泄孔相接觸。像麻雀一類的小型鳥，可以邊飛邊交尾。孔雀、鴿子等則是雄鳥騎在雌鳥的背上來交尾。

▼加拉巴哥群島的信天翁、赤脚鰹鳥、美洲軍艦鳥等的雌鳥，都會跳求愛之舞。信天翁彼此以嘴相觸，赤脚鰹鳥則是雄雌相對，嘴巴向上，伸直脖子，以雙脚前後左右跳來跳去。雄的美洲軍艦鳥到繁殖期時，喉嚨部分會出現一條紅色，這是空氣袋膨脹現出的婚姻色，專用來引誘雌鳥，交尾也要跳隻舞，如果跳得不好，雌鳥不會理睬。

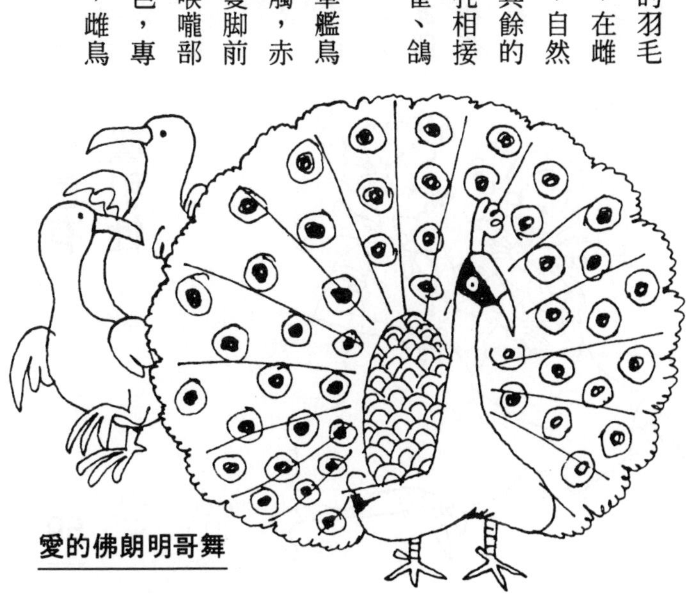

愛的佛朗明哥舞

69

紅色有吸引性

▼「你看，某小姐最近漂亮多了！」「嗯！大概是在戀愛！」的確，女性在戀愛的時候特別美麗，這也許是荷爾蒙分泌趨於活潑，使肌膚變得光滑，顯得神采飛揚。動物界也有這種現象，在繁殖期的時候，毛色特別美麗，但是却只限於雄性。

▼動物在繁殖期所出現的特有顏色，叫做婚姻色，例如美洲軍艦鳥喉部出現的紅色，產卵期公絲魚腹部出現的紅色；紅蜻蜓原來就是紅色，但到繁殖期時，雄蜻蜓會變得通體透紅，更加鮮艷。雄鮭魚到雌鮭魚的產卵期時，也會變成紅色，當牠們溯溪而上時，往往會使整條河流看起來都是紅的。這樣看來，紅色似乎具有最大的吸引性。

▼紅色不只可以吸引女性，一樣也可以吸引成行動。莫里斯在他的『裸體猿』中，針對猴子的臀部爲何是

紅的而提出高見。他說雌猴的紅臀，是一種可以交尾的信號。雄猴的紅臀，則是大自然怕母猴受到連續的攻擊特地安排的，所以時至今日，無論是公猴子、母猴子，統統是紅臀，紅臀的作用也逐漸擴大。

如果兩隻公猴相遇，較弱的那隻會把紅臀朝向強壯的那隻，以示屈服。強壯的猴子就會以交尾的方式靠靠對方，這是一種比較地位的儀式，並非公猴子在行同性愛。

▼莫里斯先生同時也認為，女人的紅唇具有與猴子的紅臀相似的作用，所以，很多人都說女人的嘴唇很性感。人直立步行，因此有由前面來表現性的信息的必要，臀代表乳房，女性性器象徵紅唇，不知你是否也有同感？

婚姻色

70

人獸聯姻的故事多

▼古今中外的民間故事中，人獸聯姻的故事很多，如果我們做個統計，會發現跟女人結婚的動物，有：青蛙、蛇、狐狸、虎、狗、猴子、鱷魚、驢子等；嫁給男人的動物，則有：狐狸、鶴、猫、鳥類、蚌、魚、蛇等。做丈夫的動物，大都具有男人的形象，而做人妻子的，則都具有女人的形象，因此我們推測，這些人獸聯姻的故事，大都是人類想像出來的，可是，為什麼人類會產生這種怪念頭呢？實在值得心理學家深究。

▼中國有蛇郎君的故事，是說一位老翁把女兒許配給一位年輕公子，公子來迎娶的晚上，要求女方搭一些竹竿。結果晚上老翁出去察看，發現竹竿上纏了許許多多的蛇，才知這位女婿是條蛇。

另有白蛇傳，這是大家耳熟能詳的故事。還有神鶴報恩的故事，是講一隻鶴為了報答青年救命之恩，化身

美女嫁給他，織布時將身上的羽毛一併織進去，這種美麗的布可賣好價錢。但是一天青年做了違背諾言的事，白鶴絕望之餘，便飛走了。

▼西洋童話中，年輕的王子多半變成青蛙，口中還會吐出金幣。也有變成天鵝的。日本神話中，則有一位公主嫁給了一隻狗，還生了孩子。這些都只是故事，在生物學上，這些都是不可能的，因為人細胞的染色體是四十六個，狗是七十八個，即使卵子受精，也無法做細胞分裂，根本生不出什麼東西來。

▼儘管如此，這類的民間故事還是層出不窮，也許古人對於動物覺得不可思議，才會產生這種幻想。很多原始民族會將動物當做神的化身，加以崇拜。也許他們認為動物和人一樣有一顆「心」吧！

「白鶴報恩」

人獸聯姻

神和性

71

▼古希臘羅馬時代的人，認為性交是與神交信的一種神聖儀式，既然是儀式，進行的地方自然就是神殿了。至於這時的性交對象，不是普通的女人，而是具有法力的女巫。

▼當時還有一種觀念，認為外地來的人是神的替身，巫女將會給予性的服務。也許你會認為，這些外地人可真佔盡了便宜，其實不然，到神殿與神交通沒有那麼簡單，也不是人人可以做到的，那就是——要捐獻一筆相當大的金額，才可獲准參加此儀式。

▼既然這些外地人是神的化身，又何必對自己捐款呢？看來似乎很矛盾，其實說穿了，這完全是廟裏掌大權的司祭所玩的把戲，因為只有用這個法子，那些有錢人才會心甘情願的把大筆金錢拿出來。

▼事實上，性與神並無相關之處，唯一相通的，是

這兩者都是人類的本能。創出此種說法的人，可能是想將性神聖化，免得男人隨意侵犯婦女。

▼經過時代的變遷，人類對性的慾望並沒有任何改變，滿足性慾的地方與花樣反而愈來愈多，每個地方都有所謂的花街柳巷，以滿足尋芳客需要，不過，想要達到目的，也像進神殿一樣，先得有一番儀式，紅牌的妓女並非立刻就能一親芳澤，必須一次一次拜訪、送禮、談心，最後才可得手，對登徒子來說，這也是個磨練耐性的機會。

神殿與妓戶

72 新大陸贈送的禮物

▼一四九二年，哥倫布發現新大陸，這是非常驚人的舉動，也帶給人類新天地和新希望。可是新大陸給歐洲的禮物，卻是一項可怕的風土病，這項疾病隨著哥倫布的船回到歐洲，沒有多久，整個歐洲就充滿了這種病，這是什麼病呢？就是「梅毒」。

▼哥倫布的船員所帶回來的梅毒，像颶風一般橫掃歐洲，其速度之快，可媲美其他的傳染病。梅毒的傳染途徑是性交，傳染的速度之快，即表示人類性本能的厲害。

▼梅毒的病原菌是螺旋菌，感染後，局部會發生硬結，有時漸漸變潰瘍。

一陣子之後，硬結會消失，但梅毒仍暗中進行，最後會使得全身淋巴腺腫脹、頭痛、髮脫、皮膚上出現皮疹，最後皮膚發橡皮腫，然後潰瘍、崩壞，而變成各種

潰瘍，變成各種畸形。這是一種非常可怕的疾病，到全身都潰瘍時，也就近於死亡了。

▼這種可怕的疾病，一直到二十世紀初期的一九〇年，人們才有了稍微的認識。是由史瓦廸恩（F・Schaudinn）和哈曼尼（E・Hofmann）兩位醫生發現其病原菌為 spirometer，這是螺旋狀的絲形微生物，長度由數微米到數十微米，具有細菌和原生動物之間的性質，行分裂生殖。當時因為還沒有盤尼西林，可說無藥可醫。

▼梅毒原是豬的疾病，因何到了人的身上，實在令人思之不解。

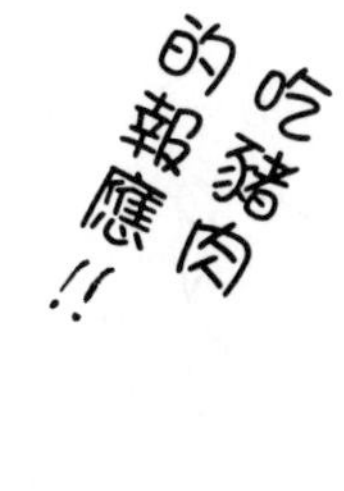

梅毒與性本能

梅毒最可怕

73

▼有一部古老的德國片叫『血敵』，專講預防性病的事。裏面有一個鏡頭是：病人聽到他所患的病是梅毒時竟然暈倒以致死亡。由此可知當時人視梅毒為一種多麼可怕的疾病！奇怪的是，以前的人如此畏懼的病，現代有許多人却視若無睹。不把這種病當做一回事。這也許是對現代的醫學太過信賴，以為總有藥醫；事實上梅毒到了某一個時期就算勉強撿回一條命，也會變成廢人。現在就來介紹梅毒的基本知識。

▼梅毒的傳染途徑，可分為下面四種情形：

①先天性梅毒——母親患有梅毒，會傳染給胎兒，這種胎兒以出生就死亡的居多。

②後天性梅毒——梅毒患者大部分都屬於這一類，是因性交而感染的，症狀由性器開始，先出現硬疙瘩。但約有一半的人症狀不出現在性器上，因此無法知道自己患了此病。所出的硬疙瘩三到四星期就會消失，患者往往會以為自己好了，但是不要多久，全身都會出現症

狀，最嚴重的，是神經障礙和腦障礙，這是現在醫學都無法醫治的。

③無辜性梅毒——這是在性交以外的途徑所傳染的，例如使用梅毒患者用過的杯子，就會被傳染，不過大家也別因此太神經過敏，因為梅毒菌在空氣中的生存率很低，沒有那麼容易就被傳染，如果是口部受到感染，症狀就會先出現在嘴部，以後再蔓延全身。

④輸血性梅毒——這是經由輸血而感染到的梅毒。原因當然是輸入的血中有梅毒。一般血庫使用的血都經過檢查，是乾淨健康的血，但是病人需要做緊急大量輸血，血庫中的血又不夠時，親朋好友就會立刻捐血，因為情況緊急，往往無法再做檢驗，如果捐血的人中有梅毒患者，那就會被傳染了！

▼如果想檢查自己是否患有梅毒，最快的方法就是驗血。其中還有免費的方法，就是去捐血，捐血中心做過檢驗之後，會寄給一張通知，告訴你患有什麼病。

『無辜性梅毒』
不要太信任朋友

『輸血性梅毒』
運氣不好就會遇上

梅毒

74 性病會要命

▼可怕的性病除了梅毒之外，還有淋病、軟性下疳、鼠徑淋巴肉芽腫等症，後二者比較少見。其名稱為「性病」，是因為這些病都是因性交而傳染的（除了有少數例外）。性交時因性器的接觸，黏膜會破裂而有輕微性的出血，性病的病菌就於此時進入對方黏膜的血管內，把疾病傳染給對方。

▼因為病菌進入血液，隨著血液的循環，症狀就會出現在身體的各處。梅毒的症狀會出現於眼睛、鼻子、耳朵、骨骼、內臟、腦部、脊髓、神經等，導致全身潰爛，於是鼻子脫落、頭髮掉光……到這個地步，這個人差不多就完蛋了。

淋病的情況也一樣，症狀會出現在眼睛、心臟、神經、關節等處，引起極大的障礙。性病的可怕在於：當發現有異狀時，往往情況已經很嚴重了，而且自己還不

曉得的時候，又已經傳染給其他的人了。

根據外國的報告，通常一個不知情的患者，在他發現自己患了梅毒時，已經傳給五十個人了！而這五十個人大都不知道自己染上梅毒。

▼那麼，得了性病，到底有沒有治好的希望呢！答案是不一定。性病是由細菌造成的，雖可由抗生素予以殺死，但是已經遭受破壞的部分卻無法再復原了，尤其是人體的神經細胞在生下時就有一定數目，無法再生。因此腦子一旦受害，一輩子就成廢人了。因為性病的症狀多出現在性器上，使得許多人諱疾避醫，但是這樣拖下去，只有死路一條。就醫時必須找專門醫生才好。

▼既然性病如此可怕，大家必須小心預防，最好的方法就是別去尋花問柳，也別亂搞男女關係，這樣就不會感染到性病了。

性病

75

可樂瓶的聯想

▼大家都喝過可口可樂，但是你有沒有注意到裝飲料的瓶子？這是根據人類的潛意識所設計出來的瓶子。依心理學家弗洛依德的理論，人有現在的意識和潛意識，潛意識會受幼時經驗和性本能的左右，可樂瓶的設計，即是建立在潛意識中的性意識上。

▼仔細看看這個瓶子的形狀，很像個女人，有胸部，有纖細的腰和豐滿的臀部，只是將形狀單純化了。當然，喝可樂的人不會察覺到這個事實，只是直覺的感到可口可樂的瓶子要比其他飲料的瓶子順眼，這也是為什麼可口可樂的銷路一直很好的緣故。

▼我們這個時代可說是個廣告時代，傳播事業的發達已經到達頂點，商品的廣告利用廣播、電視、電影、海報、宣傳單、雜誌、書籍、報紙……等等打知名度，以達到促銷的目的。而廣告的效果，則取決於廣告製作

人是否能打動消費者的潛意識。事實上同類的商品，性能都差不多，其中能夠使消費者不必動腦筋思考，只憑直覺去選擇的，就是最吃香的產品。要達到此目的，就得利用人類的潛意識，尤其是最強烈的欲求根源——性意識。

▼弗洛依德『夢的象徵』一書中，認為夢就是要表現無意識內容的媒體，夢中出現的東西，乃是視覺語言，根據他的說法，在夢中出現的數字3（如黑梅花、三枝連著的樹枝）、棒子、枴杖、手槍、指揮刀，會流出水的東西（水龍頭、噴水池）、鼻子等。均是男子性器的象徵。象徵女子性器的，則有：山洞、一片森林、教堂、門、口袋、岩石、小船……等。

▼倒也並非所有的廣告都注意到人類的潛在意識，但是化粧品、嗜好品（煙、酒）等的廣告，大部分都會利用到性的視覺語言。

性的潛在意識與廣告

76 偷窺的歷史

▼春天是個戀愛的季節，公園內到處可見一雙雙的情侶。進入夏天之後，戀愛就更白熱化了。情侶們約會時往往會出現火熱的鏡頭。

▼我們這裏要談的，倒不是這對情侶，而是躲在一邊，暗中窺伺的那個人。雖然是夏天，偷窺者仍然穿著黑色的衣服，不會發出聲音的橡皮鞋子，爬到情侶的後面，兩個渾然忘我的人，哪裏會知道正有人在偷看。

有偷窺癖的人，是一種性的倒錯，看到別人親熱，自己也會產生快感，這類人大多是正常的性行為得不到滿足的。

▼偷看者，英文叫「偷看的湯姆」，為什麼會有這個名稱呢？下面的故事便是來源。

▼西元一〇五七年，英國克貝托利地方的領主雷奧弗奧克伯爵是個苛刻的人，領民們都要納很重的稅，苦

不堪言，他的妻子格里芭夫人心地很慈悲，便向伯爵請求減稅，伯爵出乎意料之外的答應了，但是却要以格里芭夫人做裸體騎馬遊行來做交換。伯爵心中算準了夫人絕對不敢，所以出了個這樣條件。

但是誰也沒有想到，格里芭夫人居然答應了下來，這一來伯爵可緊張了，為了不讓領民看到夫人的褸體，立刻下令：當夫人裸體遊行時，每個人都要在家裡，而且窗簾都要拉起來，門戶要關緊，不准偷看。

可是當遊行開始時，却有一個叫湯姆的裁縫師在窗戶後面偷看，結果湯姆被抓，兩隻眼珠子給挖了出來。

窺伺的心理

77

虐待狂

▼西元一七〇四年，一位叫多拿帝安・阿爾旺斯・法蘭梭瓦・德・沙德（Ponatien・Alphonse・Francoisde Sade）的人出生了，他就是虐待狂的典型代表，日後所謂的「虐待狂」，便是以他的名字為名「Sadism」，他傷害別人，給別人極大的痛苦，而由其中得到性的快樂，是一種不經性行為即可得到性高潮的戀態行為，沙德之所以名聞世界，是因為他寫了猥褻小說『色當的一百二十天』等，書中詳細描述各種加虐式淫亂症。

▼沙德的虐待狂心理起自於他在軍中時，因處罰罪兵所用的鞭打、火烤、烙傷等刑罰得到快感，此後便一再沉溺於這種罪行中，結果一生中有好幾次因種種醜行被人告發而下獄，他的著作便是在牢中寫成的。因為內容過於猥褻而被各國列為禁書。

▼不過，沙德的虐待行為並非史上第一人，在他之

前，早就有虐待狂了，例如，古羅馬的鬥技、西班牙的鬥牛等。羅馬人看到敵人或武士被人或獅子殺死的痛苦形狀，會高聲歡呼，產生性的狂喜。我們由古代的妓院都在鬥技場附近可得到證明，妓女們趁著觀衆的興奮尚未減低，趕快賺一筆錢。此外，以火燒「魔女」（基督教處罰巫女的一種刑罰），鞭打異端者、納粹的罪行、搶銀行等，都起自於這種虐待狂心理。

▼為什麼會產生「虐待狂」？依照弗洛依德的說法，認為愛與恨為一體之兩面，正猶如快樂與痛苦只有一線之差。人的心理中，攻擊慾、破壞慾都在睡眠狀態中，如果不用理性加以控制，便會一發不可收拾，因此「虐待狂」是精神不成熟、退化的表徵，這種人征服統治對方的慾望過強，經常處於情慾飢渴和不滿的狀態中，故藉著施虐於對方的行為以求得滿足。

性的異常——虐待狂

被虐狂

78

▼就前「虐待狂」一樣，「被虐狂」也有數千年的歷史了，也因此沙德及瑪索克的大名響遍世界，前者是「虐待狂」之名稱，後者即是「被虐狂」的名稱——Masochism，瑪索克的全名是Masoch Leopold Von Secher，他於一八三六年出生在加里西亞（Galicia）的藍堡（Lemberg）。

「被虐狂」恰恰與「虐待狂」相反，由被傷害的痛苦中，得到性的快樂。

▼瑪索克留下的作品，有『該隱的遺言』和『披著毛皮的維納斯』，其中有一句話足以說明「被虐狂」的本質：「愛在兩個人之間沒有平等，如果要我選擇，我寧願選擇被支配的那一方」，這是書內的男主角賽柏林所說的，這位賽柏林，正是瑪索克本人的寫照。

▼無論是加虐或被虐，都是異常的心理現象。「被

虐狂」是完全接受對方的意思，絕對服從，最後，失去獨立意志，一切行為在對方的支配下，付出很大的犧牲，甘願承受而覺得喜悅，脫離了道德和正常的習慣。

▼瑪索克會有這種心態，與其少年時代的異常經驗有關。據說他小時候在玩性的遊戲時被雙親發現，受到了嚴厲的體罰，結果使得他把痛苦和性的興奮連在一起。

▼被虐狂和虐待狂一樣，具有多種類型，程度有深有淺。不過，虐待狂患者往往是殘酷、暴力的，但被虐狂就比較沒有這種危險性。因為這是一種衰弱的表徵，只求自己承受暴力，以獲得滿足。

性的異常——被虐狂

79 因強精而走上人生終點

▼現代社會中十分流行蜜月旅行，幾乎每對新婚夫婦都會到外地去旅行，一方面休假，一方面培養甜蜜的氣氛。「蜜月」這個名稱的由來，是因為新婚者都要喝蜜的緣故，因為古時的人都把蜜看成是能使人興奮的媚藥，喝下去之後會更熱情。不過現在大概沒有人把蜜當做媚藥了，而且任何人都知道：新婚夫婦根本不必靠任何媚藥就很有精力了。

▼十六世紀的一本戀愛書中，曾介紹說：在睡覺前喝杯蜜和少許的杏仁，就能增強精力，提高興奮。現代人也有類似的論點，就認為蜂王漿是大補之劑，把蜂王漿當做強精劑。而且因為蜂王漿很少，容易變質，所以價錢奇貴，但是買的人還是很多。

▼媚藥真的有效嗎?也許其效果在於心理的暗示作用。歷史上有名的媚藥是紅鉛丸，這是明世宗最愛吃的

，據說有回春（治療陽萎）、壯陽、強精之效。

做法是收集童女的經血在金銀器內，將半熟的梅子薰黑、乾燥七次。混合經血，再加乳粉，一些可疑的金屬粉，用火烤烘，精製成丸子，那些金屬，包括有毒的水銀和砒霜。

世宗和萬曆帝就是愛吃紅鉛丸，結果行為變得恣意放蕩，後因砒霜中毒而亡。這些人費盡心思，辛辛苦苦調製一些藥來毒死自己，真是愚不可及。

強精劑
紅鉛丸
明世宗
半熟的梅子
乳粉
砒霜
處女的經血

帝王剖開術

80

▼紀元前一世紀左右，羅馬有個叫凱撒的軍人政治家叱咤一時，給西洋的歷史帶來很大的影響。這位威風八面的大將，在戰場上所向無敵，在性生活上也是個人物，有關他在性方面的傳聞，也多得很。

▼被人稱做「鼻子再低一點，世界的歷史可能改寫。」的埃及艷后克麗奧佩脫拉，嫁給凱撒的時候才二十二歲，而凱撒已經五十三歲了，但是年近花甲的凱撒却有無比的精力可以滿足她，克麗奧佩脫拉還為凱撒生了兩個兒子。在這位埃及女王的政爭中，凱撒給她很大的協助。

▼凱撒的少年時代曾做過孌童，他的第一位僱主，就是尼可美底斯王（Nikomedes），這是西塞羅的書簡上曾經提到過的事實。

▼這位曾做過孌童的凱撒，非常的淫穢風流，除此

之外，他還是個自戀狂（Narcissism），他把全身的毛都拔掉，全身和頭頂一樣光光的（頭髮倒不是拔掉的，而是禿頭），然後塗抹香油，混身亮晶晶。他還是個好男色者，可以說是個病態的多情狂。

▼凱撒極愛勾引別人的妻子，因此羅馬人之間傳聞著一句話：「羅馬人啊！把妻子藏好呀！禿頭凱撒來了！」其風流可想像而知。

▼現在很多婦人都以剖腹生產來生小孩，在以前，管這種生產方式叫「帝王剖開術」，據說凱撒就是用此法生產下來的。其實這是傳聞之誤，原相是凱撒的母親在生他之前就死了，所以將母體剖開，取出嬰兒。因為是「切開」（Caedere）取出的，所以命名為「Caesar」與「帝王」（Kaiser）也有相通之意。

凱撒

帝王切開

81 英雄愛美人

▼『孤星淚』（悲慘世界）的作者，大文豪雨果因為對法國文藝頗有貢獻，在他八十歲生日時，法國國會特地為他開了個慶生會，他在會上致答詞說：「我想各位一定對我這樣的年紀是否還能從事性活動感到好奇，我現在老實說，我一天來個三、四次，自己也覺得差強人意。」

議員們聽了，莫不連喊佩服，也自嘆不如。雨果的性能力和他的創作力一樣，根本不受年紀的影響。

▼自古以來，英雄一向愛美人，這是好聽的說法，說的實際一點，便是性能力高強。所謂的英雄，通常是指善戰的男人，既然善戰，一定有超人的體力，精力十足，除了可奔馳於戰場之外，情場更是得意。女人們也喜歡強有力的男人，因此英雄們占盡了便宜，不愁沒有美人投懷送抱，像凱撒、拿破崙等。近代人物中，與性

感影星有過一手的甘迺迪，便是其中之一。

▼那麼，是因為精力充沛才會性慾旺盛呢？還是因為性慾旺盛而產生充沛的精力呢？也許兩者互為因果吧！總之，英雄總有非比尋常的精力，不但可用於性，也可用於其他的方面。

現代英雄的範圍比較廣，天才、偉人也都算在內，這些人具有旺盛的創造力和思想力，鋼鐵大王卡內基就曾說：「我是把性慾轉為創造力！」

▼話又說回來，如果一個有旺盛精力的人一味沈溺於性，就無法完成偉大的事業了！英雄的確愛美人，但是美人所愛的倒不一定會成英雄。

性慾英雄論

人口問題

82

▼人類的繁殖力比起其他的動物來，算是很低的了。一個女人一輩子平均可生五、六個小孩，最多的有二十幾個，但是我們看看其他的動物吧！蟾蜍一次生七千個，鯡魚五萬個，鱈魚六百萬個。其他，條蟲三十五年中，每年生六百萬個，白蟻女王十五年中，每年產一千一百萬個卵，草履蟲行分裂生殖，一隻草履蟲在一個月之內可增殖為二億七千萬隻。

▼「一種動物一天分裂一次，十天成一百萬隻，請問第幾天時有五十萬隻？」這個問題不必用電腦去算，動一下腦子，答案就是第九天。

▼既然人的生殖力比其他都低，但是地球上的人口卻一天比一天多。因為其他的動物都有自動調節數量的本能，例如貓鼠的集體自殺就是一種，一旦超過了飽和數，就會自己調節。

▼鼷鼠在生存環境惡劣時，流產量會增加，另一種老鼠數量增多時，彼此會追殺。獅子當獵物減少時，只

顧自己吃，不會理睬小獅子，只有耐餓的小獅子才會活下去。

▼至於人類，用什麼法子來調節人數呢?就是採用戰爭這種集體自殺方式，來減少繁殖力最強的年輕人。不過，現在大家都不願意發生戰爭，因為現代的武器太厲害了，一旦來個核子戰爭，不但不能調節人數，搞不好會把世界上的人全都炸死了。

▼地球的人口在達到十億時，花了一百年，但是從此以後，再十年就會增加十億人。這樣下去，地球上擠滿了人是遲早的事。而且很顯然的，一定會引起糧食不足的問題，因此很多國家未雨綢繆，訂了很多規定。好幾個國家都規定若生了第三個小孩，不但沒有津貼，還要罰錢。其他的國家大多是勸導人民避孕，只有法國這個國家鼓勵生產，因為法國女人不愛生小孩，法國恐怕國家人口越來越少，以後若有戰爭會人手不足。

人口調節

83 避孕研究

▼性行為的原始目的是生殖，但是不知道從什麼時候開始，變成了縱慾的手段，這樣一來，就得設法避孕了，這是人類很早就注意到的問題。

▼一對健康的夫妻若不避孕，二十年中很可能生下七～八個小孩。根據統計，新婚夫妻有百分之五十七在三個月以內懷孕，百分之七十七在六個月內懷孕，百分之八十五在一年之內。避孕的目的到了現在，並不只是為了享受性的樂趣，也是為了家庭計畫。在自己想要孩子或能力足夠時生孩子。

▼人類的避孕活動，埃及時代就有了，但當時有很多方法只是迷信，例如在女性陰道內放酸梅，或三滴青蛙口水，或掛符咒，或放草藥，或放蜂蜜……這些方法現在看來是真可笑，但是古代人卻深信不疑。

▼目前所使用的避孕法很多，有：避孕丸、子宮環

（樂普之類）、安全套、避孕泡沫劑、避孕藥膏、子宮栓、膣坐藥、狄野式避孕法、基礎體溫法等等，但不管哪一種，避孕效果都不是百分之百的。

▼其中使用最廣的，當屬安全套，這種東西在十六世紀就發明了。安全套又稱保險套，使用時套在男子性器上，以免精子進入陰道內。

在塑膠製品發明之前，是以絲綢、魚鰾、豬腸等為材料。在某個時期，使用安全套的目的並非避孕，而是預防性病。

受胎調節

84 無性生殖

▼生物的性命都很短暫，似乎活在世界上的目的，只是為了傳宗接代。這也是造物主所安排的，因此，不管哪一種生物，都會為後代著想。

以人來說，成長到了一定年紀，就會對異性動心，牽制這種感情的，便是一種對性的慾求，而此慾求的目的，就是為了子孫著想。

▼既然性的原始目的是為了延續子孫，但是另一方面看來，要延續子孫，非得經性行為嗎？這倒不一定。現在已經有人進行以人的細胞來培養嬰兒的實驗了，讀者莫要搞錯，這不是試管嬰兒，而是嬰兒是先在試管內放卵子，再放入精子，讓其在試管內受精後再移入母體。既然有卵子與精子，就是兩性生殖，這是間接的性行為。我們現在所談的，和西遊記裏的孫悟空一樣，拔根毛一吹，就會出現千百個小孫悟空。

▼有人用紅蘿蔔做過實驗，把紅蘿蔔的細胞浸在椰子奶中，用特殊的方法培養，就能長成紅蘿蔔。在這個世界上沒有一件事比生命的增殖更令人驚異的了！現在要以人工的方法培養出下一代，更是令人嘆為觀止，地球上最早出現的生物繁殖法，正是無性生殖。

▼單細胞生物阿米巴原蟲的生殖法，也是行自我分裂，由一分為二，二為四，四為八……阿米巴原蟲在幾十億年前就用這種方法生殖了！構成人體的細胞，也是行分裂生殖，但是無法獨立進行。像阿米巴原蟲的生殖法，環境一旦變惡劣時，就無法分裂繁殖，而兩性生殖卻可以不受環境的影響。

生命的繁殖

85 造人比造原子彈簡單

▼科學愈進步，人類受惠愈大，但是進步到某一個程度，卻會令人不寒而慄，那就是──人的無性生殖。目前青蛙的無性生殖已經試驗成功，將來人的無性生殖，也是指日可待的事了。

▼青蛙的無性生殖大概是這樣的：取雌蛙的卵子。把細胞核除去，代之以腸細胞內的細胞核，於是這個細胞就不斷的分裂，最後變成蝌蚪，成為青蛙。這樣做出來的青蛙和原先的一模一樣，而且要多少有多少。

▼至於人的無性生殖，其後果是很可怕的，將來如果成功了，可以造出很多希特勒、愛因斯坦、拿破崙……，而且方法簡便，比造機器人簡單多了，甚至也要比製造原子彈簡單。人的牙齒細胞在身體死了以後還是活的，因此即使這個人死了，還是可以複製出來。

▼無性生殖在高等動物方面比較困難，但在低等動

物中，却比比皆是。例如海葵，切多少段就可以長多少隻出來。喇叭蟲也是，切斷一隻，會成兩隻個體，無性生殖可說是生物界的分身之術。

▼將來人的無性生殖一旦成功，有錢人想多留幾個子孫，便可請醫生為他複製，如果這個人是個好人也就罷了，萬一是個殘暴份子，人類豈不遭殃？如果有犯罪集團大量生產陰謀家，後果更是不堪設想。

▼如果你以為這個世界上只有無性生殖和有性生殖兩種，那就錯了，還有不屬於這兩種的生殖方式。雖然不是自然狀態的，但的確存在於這個地球上。

複製人

86 同性戀

▼在若干年前，大家還不敢公然談論這個問題，但是現在，不但話題公開，某些國家甚至允許同性結婚的事。而且大家都發現，世界上的同性戀者似乎比我們想像中的多很多。

▼『窄門』的作者紀德，也是個同性戀者，這在他的自傳中，有很詳細的敍述。他幼年的時候穿女孩兒的衣服，由一位嚴格的女老師教導他，還有一位強迫他絕對服從的母親。一直到二十歲，家裏的人怕他被壞女人勾結，還不准他單獨外出。這樣的環境之下。不用說，紀德對女人一點點好感都沒有，更不用說有任何興趣了。

▼法國的福爾曼寫了一本書叫『天才的性無能』，裡面列舉了許多患有同性戀的歷史人物，像：盧梭、伏爾泰、梅利梅、史偉夫特等人。

▼所謂的同性戀，是指同性之間發生了性關係或愛情關係的行為。這種人通常對異性愛有嫌惡感，而不願

意與異性有肉體關係。也有的同性戀者在性的觀念上是異性愛，可是在兵營中、宿舍內等特殊的環境下時，又會與同性發生性行為。

▼漢朝的皇帝哀帝也是有此好的人，他很喜歡一位叫董賢的男子，晚上也和他睡在一起。有一天。哀帝起身時，董賢還在睡，哀帝不敢驚醒他，而又被他壓住了，乾脆拿剪刀把袖子剪斷了，這便是「斷袖之癖」的由來。

▼到了近代，西歐各國才允許同性戀的存在，以前是根據聖經的解釋，認為同性戀是「愛的選擇異常性」、「精液的浪費」，所以認為同性戀是有罪的。

▼如果你相信「性應附帶有生殖意義」的話，那麼，任何不能生小孩的性行為，都是有罪的了！甚至包括異性之間的戀情。現在認為同性戀只不過是一種「性的多樣化」的人愈來愈多了，認為沒什麼好大驚小怪的。

同性愛

大展出版社有限公司　圖書目錄

地址：台北市北投區(石牌)
致遠一路二段 12 巷 1 號
電話：(02)28236031
28236033
郵撥：0166955～1
傳真：(02)28272069

・法律專欄連載・電腦編號 58

台大法學院　法律學系／策劃
法律服務社／編著

1. 別讓您的權利睡著了 1		200 元
2. 別讓您的權利睡著了 2		200 元

・秘傳占卜系列・電腦編號 14

1. 手相術	淺野八郎著	180 元
2. 人相術	淺野八郎著	150 元
3. 西洋占星術	淺野八郎著	180 元
4. 中國神奇占卜	淺野八郎著	150 元
5. 夢判斷	淺野八郎著	150 元
6. 前世、來世占卜	淺野八郎著	150 元
7. 法國式血型學	淺野八郎著	150 元
8. 靈感、符咒學	淺野八郎著	150 元
9. 紙牌占卜學	淺野八郎著	150 元
10. ESP 超能力占卜	淺野八郎著	150 元
11. 猶太數的秘術	淺野八郎著	150 元
12. 新心理測驗	淺野八郎著	160 元
13. 塔羅牌預言秘法	淺野八郎著	200 元

・趣味心理講座・電腦編號 15

1. 性格測驗① 探索男與女	淺野八郎著	140 元
2. 性格測驗② 透視人心奧秘	淺野八郎著	140 元
3. 性格測驗③ 發現陌生的自己	淺野八郎著	140 元
4. 性格測驗④ 發現你的真面目	淺野八郎著	140 元
5. 性格測驗⑤ 讓你們吃驚	淺野八郎著	140 元
6. 性格測驗⑥ 洞穿心理盲點	淺野八郎著	140 元
7. 性格測驗⑦ 探索對方心理	淺野八郎著	140 元
8. 性格測驗⑧ 由吃認識自己	淺野八郎著	160 元
9. 性格測驗⑨ 戀愛知多少	淺野八郎著	160 元
10. 性格測驗⑩ 由裝扮瞭解人心	淺野八郎著	160 元

11. 性格測驗⑪ 敲開內心玄機	淺野八郎著	140 元
12. 性格測驗⑫ 透視你的未來	淺野八郎著	160 元
13. 血型與你的一生	淺野八郎著	160 元
14. 趣味推理遊戲	淺野八郎著	160 元
15. 行為語言解析	淺野八郎著	160 元

·婦 幼 天 地· 電腦編號 16

1. 八萬人減肥成果	黃靜香譯	180 元
2. 三分鐘減肥體操	楊鴻儒譯	150 元
3. 窈窕淑女美髮秘訣	柯素娥譯	130 元
4. 使妳更迷人	成　玉譯	130 元
5. 女性的更年期	官舒妍編譯	160 元
6. 胎內育兒法	李玉瓊編譯	150 元
7. 早產兒袋鼠式護理	唐岱蘭譯	200 元
8. 初次懷孕與生產	婦幼天地編譯組	180 元
9. 初次育兒 12 個月	婦幼天地編譯組	180 元
10. 斷乳食與幼兒食	婦幼天地編譯組	180 元
11. 培養幼兒能力與性向	婦幼天地編譯組	180 元
12. 培養幼兒創造力的玩具與遊戲	婦幼天地編譯組	180 元
13. 幼兒的症狀與疾病	婦幼天地編譯組	180 元
14. 腿部苗條健美法	婦幼天地編譯組	180 元
15. 女性腰痛別忽視	婦幼天地編譯組	150 元
16. 舒展身心體操術	李玉瓊編譯	130 元
17. 三分鐘臉部體操	趙薇妮著	160 元
18. 生動的笑容表情術	趙薇妮著	160 元
19. 心曠神怡減肥法	川津祐介著	130 元
20. 內衣使妳更美麗	陳玄茹譯	130 元
21. 瑜伽美姿美容	黃靜香編著	180 元
22. 高雅女性裝扮學	陳珮玲譯	180 元
23. 蠶糞肌膚美顏法	坂梨秀子著	160 元
24. 認識妳的身體	李玉瓊譯	160 元
25. 產後恢復苗條體態	居理安・芙萊喬著	200 元
26. 正確護髮美容法	山崎伊久江著	180 元
27. 安琪拉美姿養生學	安琪拉蘭斯博瑞著	180 元
28. 女體性醫學剖析	增田豐著	220 元
29. 懷孕與生產剖析	岡部綾子著	180 元
30. 斷奶後的健康育兒	東城百合子著	220 元
31. 引出孩子幹勁的責罵藝術	多湖輝著	170 元
32. 培養孩子獨立的藝術	多湖輝著	170 元
33. 子宮肌瘤與卵巢囊腫	陳秀琳編著	180 元
34. 下半身減肥法	納他夏・史達賓著	180 元
35. 女性自然美容法	吳雅菁編著	180 元
36. 再也不發胖	池園悅太郎著	170 元

37. 生男生女控制術	中垣勝裕著	220 元
38. 使妳的肌膚更亮麗	楊　皓編著	170 元
39. 臉部輪廓變美	芝崎義夫著	180 元
40. 斑點、皺紋自己治療	高須克彌著	180 元
41. 面皰自己治療	伊藤雄康著	180 元
42. 隨心所欲瘦身冥想法	原久子著	180 元
43. 胎兒革命	鈴木丈織著	180 元
44. NS 磁氣平衡法塑造窈窕奇蹟	古屋和江著	180 元
45. 享瘦從腳開始	山田陽子著	180 元
46. 小改變瘦 4 公斤	宮本裕子著	180 元
47. 軟管減肥瘦身	高橋輝男著	180 元
48. 海藻精神秘美容法	劉名揚編著	180 元
49. 肌膚保養與脫毛	鈴木真理著	180 元
50. 10 天減肥 3 公斤	彤雲編輯組	180 元
51. 穿出自己的品味	西村玲子著	280 元

・青春天地・電腦編號 17

1. A 血型與星座	柯素娥編譯	160 元
2. B 血型與星座	柯素娥編譯	160 元
3. O 血型與星座	柯素娥編譯	160 元
4. AB 血型與星座	柯素娥編譯	120 元
5. 青春期性教室	呂貴嵐編譯	130 元
6. 事半功倍讀書法	王毅希編譯	150 元
7. 難解數學破題	宋釗宜編譯	130 元
9. 小論文寫作秘訣	林顯茂編譯	120 元
11. 中學生野外遊戲	熊谷康編著	120 元
12. 恐怖極短篇	柯素娥編譯	130 元
13. 恐怖夜話	小毛驢編譯	130 元
14. 恐怖幽默短篇	小毛驢編譯	120 元
15. 黑色幽默短篇	小毛驢編譯	120 元
16. 靈異怪談	小毛驢編譯	130 元
17. 錯覺遊戲	小毛驢編著	130 元
18. 整人遊戲	小毛驢編著	150 元
19. 有趣的超常識	柯素娥編譯	130 元
20. 哦！原來如此	林慶旺編譯	130 元
21. 趣味競賽 100 種	劉名揚編譯	120 元
22. 數學謎題入門	宋釗宜編譯	150 元
23. 數學謎題解析	宋釗宜編譯	150 元
24. 透視男女心理	林慶旺編譯	120 元
25. 少女情懷的自白	李桂蘭編譯	120 元
26. 由兄弟姊妹看命運	李玉瓊編譯	130 元
27. 趣味的科學魔術	林慶旺編譯	150 元
28. 趣味的心理實驗室	李燕玲編譯	150 元

29. 愛與性心理測驗	小毛驢編譯	130元
30. 刑案推理解謎	小毛驢編譯	130元
31. 偵探常識推理	小毛驢編譯	130元
32. 偵探常識解謎	小毛驢編譯	130元
33. 偵探推理遊戲	小毛驢編譯	130元
34. 趣味的超魔術	廖玉山編著	150元
35. 趣味的珍奇發明	柯素娥編著	150元
36. 登山用具與技巧	陳瑞菊編著	150元
37. 性的漫談	蘇燕謀編著	180元
38. 無的漫談	蘇燕謀編著	180元
39. 黑色漫談	蘇燕謀編著	180元
40. 白色漫談	蘇燕謀編著	180元

·健康天地· 電腦編號 18

1. 壓力的預防與治療	柯素娥編譯	130元
2. 超科學氣的魔力	柯素娥編譯	130元
3. 尿療法治病的神奇	中尾良一著	130元
4. 鐵證如山的尿療法奇蹟	廖玉山譯	120元
5. 一日斷食健康法	葉慈容編譯	150元
6. 胃部強健法	陳炳崑譯	120元
7. 癌症早期檢查法	廖松濤譯	160元
8. 老人痴呆症防止法	柯素娥編譯	130元
9. 松葉汁健康飲料	陳麗芬編譯	130元
10. 揉肚臍健康法	永井秋夫著	150元
11. 過勞死、猝死的預防	卓秀貞編譯	130元
12. 高血壓治療與飲食	藤山順豐著	150元
13. 老人看護指南	柯素娥編譯	150元
14. 美容外科淺談	楊啟宏著	150元
15. 美容外科新境界	楊啟宏著	150元
16. 鹽是天然的醫生	西英司郎著	140元
17. 年輕十歲不是夢	梁瑞麟譯	200元
18. 茶料理治百病	桑野和民著	180元
19. 綠茶治病寶典	桑野和民著	150元
20. 杜仲茶養顏減肥法	西田博著	150元
21. 蜂膠驚人療效	瀨長良三郎著	180元
22. 蜂膠治百病	瀨長良三郎著	180元
23. 醫藥與生活(一)	鄭炳全著	180元
24. 鈣長生寶典	落合敏著	180元
25. 大蒜長生寶典	木下繁太郎著	160元
26. 居家自我健康檢查	石川恭三著	160元
27. 永恆的健康人生	李秀鈴譯	200元
28. 大豆卵磷脂長生寶典	劉雪卿譯	150元
29. 芳香療法	梁艾琳譯	160元

30. 醋長生寶典　柯素娥譯　180元
31. 從星座透視健康　席拉・吉蒂斯著　180元
32. 愉悅自在保健學　野本二士夫著　160元
33. 裸睡健康法　丸山淳士等著　160元
34. 糖尿病預防與治療　藤田順豐著　180元
35. 維他命長生寶典　菅原明子著　180元
36. 維他命C新效果　鐘文訓編　150元
37. 手、腳病理按摩　堤芳朗著　160元
38. AIDS瞭解與預防　彼得塔歇爾著　180元
39. 甲殼質殼聚糖健康法　沈永嘉譯　160元
40. 神經痛預防與治療　木下真男著　160元
41. 室內身體鍛鍊法　陳炳崑編著　160元
42. 吃出健康藥膳　劉大器編著　180元
43. 自我指壓術　蘇燕謀編著　160元
44. 紅蘿蔔汁斷食療法　李玉瓊編著　150元
45. 洗心術健康秘法　竺翠萍編譯　170元
46. 枇杷葉健康療法　柯素娥編譯　180元
47. 抗衰血癒　楊啟宏著　180元
48. 與癌搏鬥記　逸見政孝著　180元
49. 冬蟲夏草長生寶典　高橋義博著　170元
50. 痔瘡・大腸疾病先端療法　宮島伸宜著　180元
51. 膠布治癒頑固慢性病　加瀨建造著　180元
52. 芝麻神奇健康法　小林貞作著　170元
53. 香煙能防止癡呆？　高田明和著　180元
54. 穀菜食治癌療法　佐藤成志著　180元
55. 貼藥健康法　松原英多著　180元
56. 克服癌症調和道呼吸法　帶津良一著　180元
57. B型肝炎預防與治療　野村喜重郎著　180元
58. 青春永駐養生導引術　早島正雄著　180元
59. 改變呼吸法創造健康　原久子著　180元
60. 荷爾蒙平衡養生秘訣　出村博著　180元
61. 水美肌健康法　井戶勝富著　170元
62. 認識食物掌握健康　廖梅珠編著　170元
63. 痛風劇痛消除法　鈴木吉彥著　180元
64. 酸莖菌驚人療效　上田明彥著　180元
65. 大豆卵磷脂治現代病　神津健一著　200元
66. 時辰療法—危險時刻凌晨4時　呂建強等著　180元
67. 自然治癒力提升法　帶津良一著　180元
68. 巧妙的氣保健法　藤平墨子著　180元
69. 治癒C型肝炎　熊田博光著　180元
70. 肝臟病預防與治療　劉名揚編著　180元
71. 腰痛平衡療法　荒井政信著　180元
72. 根治多汗症、狐臭　稻葉益巳著　220元
73. 40歲以後的骨質疏鬆症　沈永嘉譯　180元

74. 認識中藥	松下一成著	180 元
75. 認識氣的科學	佐佐木茂美著	180 元
76. 我戰勝了癌症	安田伸著	180 元
77. 斑點是身心的危險信號	中野進著	180 元
78. 艾波拉病毒大震撼	玉川重德著	180 元
79. 重新還我黑髮	桑名隆一郎著	180 元
80. 身體節律與健康	林博史著	180 元
81. 生薑治萬病	石原結實著	180 元
82. 靈芝治百病	陳瑞東著	180 元
83. 木炭驚人的威力	大槻彰著	200 元
84. 認識活性氧	井土貴司著	180 元
85. 深海鮫治百病	廖玉山編著	180 元
86. 神奇的蜂王乳	井上丹治著	180 元
87. 卡拉 OK 健腦法	東潔著	180 元
88. 卡拉 OK 健康法	福田伴男著	180 元
89. 醫藥與生活(二)	鄭炳全著	200 元
90. 洋蔥治百病	宮尾興平著	180 元
91. 年輕 10 歲快步健康法	石塚忠雄著	180 元
92. 石榴的驚人神效	岡本順子著	180 元
93. 飲料健康法	白鳥早奈英著	180 元
94. 健康棒體操	劉名揚編譯	180 元
95. 催眠健康法	蕭京凌編著	180 元

・實用女性學講座・電腦編號 19

1. 解讀女性內心世界	島田一男著	150 元
2. 塑造成熟的女性	島田一男著	150 元
3. 女性整體裝扮學	黃靜香編著	180 元
4. 女性應對禮儀	黃靜香編著	180 元
5. 女性婚前必修	小野十傳著	200 元
6. 徹底瞭解女人	田口二州著	180 元
7. 拆穿女性謊言 88 招	島田一男著	200 元
8. 解讀女人心	島田一男著	200 元
9. 俘獲女性絕招	志賀貢著	200 元
10. 愛情的壓力解套	中村理英子著	200 元
11. 妳是人見人愛的女孩	廖松濤編著	200 元

・校園系列・電腦編號 20

1. 讀書集中術	多湖輝著	150 元
2. 應考的訣竅	多湖輝著	150 元
3. 輕鬆讀書贏得聯考	多湖輝著	150 元
4. 讀書記憶秘訣	多湖輝著	150 元

5. 視力恢復！超速讀術	江錦雲譯	180元
6. 讀書 36 計	黃柏松編著	180元
7. 驚人的速讀術	鐘文訓編著	170元
8. 學生課業輔導良方	多湖輝著	180元
9. 超速讀超記憶法	廖松濤編著	180元
10. 速算解題技巧	宋釗宜編著	200元
11. 看圖學英文	陳炳崑編著	200元
12. 讓孩子最喜歡數學	沈永嘉譯	180元
13. 催眠記憶術	林碧清譯	180元

・實用心理學講座・電腦編號 21

1. 拆穿欺騙伎倆	多湖輝著	140元
2. 創造好構想	多湖輝著	140元
3. 面對面心理術	多湖輝著	160元
4. 偽裝心理術	多湖輝著	140元
5. 透視人性弱點	多湖輝著	140元
6. 自我表現術	多湖輝著	180元
7. 不可思議的人性心理	多湖輝著	180元
8. 催眠術入門	多湖輝著	150元
9. 責罵部屬的藝術	多湖輝著	150元
10. 精神力	多湖輝著	150元
11. 厚黑說服術	多湖輝著	150元
12. 集中力	多湖輝著	150元
13. 構想力	多湖輝著	150元
14. 深層心理術	多湖輝著	160元
15. 深層語言術	多湖輝著	160元
16. 深層說服術	多湖輝著	180元
17. 掌握潛在心理	多湖輝著	160元
18. 洞悉心理陷阱	多湖輝著	180元
19. 解讀金錢心理	多湖輝著	180元
20. 拆穿語言圈套	多湖輝著	180元
21. 語言的內心玄機	多湖輝著	180元
22. 積極力	多湖輝著	180元

・超現實心理講座・電腦編號 22

1. 超意識覺醒法	詹蔚芬編譯	130元
2. 護摩秘法與人生	劉名揚編譯	130元
3. 秘法！超級仙術入門	陸明譯	150元
4. 給地球人的訊息	柯素娥編著	150元
5. 密教的神通力	劉名揚編著	130元
6. 神秘奇妙的世界	平川陽一著	200元

7. 地球文明的超革命 吳秋嬌譯 200 元
8. 力量石的秘密 吳秋嬌譯 180 元
9. 超能力的靈異世界 馬小莉譯 200 元
10. 逃離地球毀滅的命運 吳秋嬌譯 200 元
11. 宇宙與地球終結之謎 南山宏著 200 元
12. 驚世奇功揭秘 傅起鳳著 200 元
13. 啟發身心潛力心象訓練法 栗田昌裕著 180 元
14. 仙道術遁甲法 高藤聰一郎著 220 元
15. 神通力的秘密 中岡俊哉著 180 元
16. 仙人成仙術 高藤聰一郎著 200 元
17. 仙道符咒氣功法 高藤聰一郎著 220 元
18. 仙道風水術尋龍法 高藤聰一郎著 200 元
19. 仙道奇蹟超幻像 高藤聰一郎著 200 元
20. 仙道鍊金術房中法 高藤聰一郎著 200 元
21. 奇蹟超醫療治癒難病 深野一幸著 220 元
22. 揭開月球的神秘力量 超科學研究會 180 元
23. 西藏密教奧義 高藤聰一郎著 250 元
24. 改變你的夢術入門 高藤聰一郎著 250 元

・養 生 保 健・電腦編號 23

1. 醫療養生氣功 黃孝寬著 250 元
2. 中國氣功圖譜 余功保著 230 元
3. 少林醫療氣功精粹 井玉蘭著 250 元
4. 龍形實用氣功 吳大才等著 220 元
5. 魚戲增視強身氣功 宮 嬰著 220 元
6. 嚴新氣功 前新培金著 250 元
7. 道家玄牝氣功 張 章著 200 元
8. 仙家秘傳祛病功 李遠國著 160 元
9. 少林十大健身功 秦慶豐著 180 元
10. 中國自控氣功 張明武著 250 元
11. 醫療防癌氣功 黃孝寬著 250 元
12. 醫療強身氣功 黃孝寬著 250 元
13. 醫療點穴氣功 黃孝寬著 250 元
14. 中國八卦如意功 趙維漢著 180 元
15. 正宗馬禮堂養氣功 馬禮堂著 420 元
16. 秘傳道家筋經內丹功 王慶餘著 280 元
17. 三元開慧功 辛桂林著 250 元
18. 防癌治癌新氣功 郭 林著 180 元
19. 禪定與佛家氣功修煉 劉天君著 200 元
20. 顛倒之術 梅自強著 360 元
21. 簡明氣功辭典 吳家駿編 360 元
22. 八卦三合功 張全亮著 230 元
23. 朱砂掌健身養生功 楊永著 250 元

24. 抗老功	陳九鶴著	230元
25. 意氣按穴排濁自療法	黃啟運編著	250元
26. 陳式太極拳養生功	陳正雷著	200元
27. 健身祛病小功法	王培生著	200元

・社會人智囊・電腦編號24

1. 糾紛談判術	清水增三著	160元
2. 創造關鍵術	淺野八郎著	150元
3. 觀人術	淺野八郎著	180元
4. 應急詭辯術	廖英迪編著	160元
5. 天才家學習術	木原武一著	160元
6. 貓型狗式鑑人術	淺野八郎著	180元
7. 逆轉運掌握術	淺野八郎著	180元
8. 人際圓融術	澀谷昌三著	160元
9. 解讀人心術	淺野八郎著	180元
10. 與上司水乳交融術	秋元隆司著	180元
11. 男女心態定律	小田晉著	180元
12. 幽默說話術	林振輝編著	200元
13. 人能信賴幾分	淺野八郎著	180元
14. 我一定能成功	李玉瓊譯	180元
15. 獻給青年的嘉言	陳蒼杰譯	180元
16. 知人、知面、知其心	林振輝編著	180元
17. 塑造堅強的個性	坂上肇著	180元
18. 為自己而活	佐藤綾子著	180元
19. 未來十年與愉快生活有約	船井幸雄著	180元
20. 超級銷售話術	杜秀卿譯	180元
21. 感性培育術	黃靜香編著	180元
22. 公司新鮮人的禮儀規範	蔡媛惠譯	180元
23. 傑出職員鍛鍊術	佐佐木正著	180元
24. 面談獲勝戰略	李芳黛譯	180元
25. 金玉良言撼人心	森純大著	180元
26. 男女幽默趣典	劉華亭編著	180元
27. 機智說話術	劉華亭編著	180元
28. 心理諮商室	柯素娥譯	180元
29. 如何在公司崢嶸頭角	佐佐木正著	180元
30. 機智應對術	李玉瓊編著	200元
31. 克服低潮良方	坂野雄二著	180元
32. 智慧型說話技巧	沈永嘉編著	180元
33. 記憶力、集中力增進術	廖松濤編著	180元
34. 女職員培育術	林慶旺編著	180元
35. 自我介紹與社交禮儀	柯素娥編著	180元
36. 積極生活創幸福	田中真澄著	180元
37. 妙點子超構想	多湖輝著	180元

38. 說 NO 的技巧	廖玉山編著	180 元
39. 一流說服力	李玉瓊編著	180 元
40. 般若心經成功哲學	陳鴻蘭編著	180 元
41. 訪問推銷術	黃靜香編著	180 元
42. 男性成功秘訣	陳蒼杰編著	180 元
43. 笑容、人際智商	宮川澄子著	180 元
44. 多湖輝的構想工作室	多湖輝著	200 元
45. 名人名語啟示錄	喬家楓著	180 元

・精選系列・電腦編號 25

1. 毛澤東與鄧小平	渡邊利夫等著	280 元
2. 中國大崩裂	江戶介雄著	180 元
3. 台灣・亞洲奇蹟	上村幸治著	220 元
4. 7-ELEVEN 高盈收策略	國友隆一著	180 元
5. 台灣獨立（新・中國日本戰爭一）	森詠著	200 元
6. 迷失中國的末路	江戶雄介著	220 元
7. 2000 年 5 月全世界毀滅	紫藤甲子男著	180 元
8. 失去鄧小平的中國	小島朋之著	220 元
9. 世界史爭議性異人傳	桐生操著	200 元
10. 淨化心靈享人生	松濤弘道著	220 元
11. 人生心情診斷	賴藤和寬著	220 元
12. 中美大決戰	檜山良昭著	220 元
13. 黃昏帝國美國	莊雯琳譯	220 元
14. 兩岸衝突（新・中國日本戰爭二）	森詠著	220 元
15. 封鎖台灣（新・中國日本戰爭三）	森詠著	220 元
16. 中國分裂（新・中國日本戰爭四）	森詠著	220 元
17. 由女變男的我	虎井正衛著	200 元
18. 佛學的安心立命	松濤弘道著	220 元
19. 世界喪禮大觀	松濤弘道著	280 元

・運動遊戲・電腦編號 26

1. 雙人運動	李玉瓊譯	160 元
2. 愉快的跳繩運動	廖玉山譯	180 元
3. 運動會項目精選	王佑京譯	150 元
4. 肋木運動	廖玉山譯	150 元
5. 測力運動	王佑宗譯	150 元
6. 游泳入門	唐桂萍編著	200 元

・休閒娛樂・電腦編號 27

1. 海水魚飼養法	田中智浩著	300 元

2. 金魚飼養法	曾雪玫譯	250 元
3. 熱門海水魚	毛利匡明著	480 元
4. 愛犬的教養與訓練	池田好雄著	250 元
5. 狗教養與疾病	杉浦哲著	220 元
6. 小動物養育技巧	三上昇著	300 元
20. 園藝植物管理	船越亮二著	220 元

・銀髮族智慧學・電腦編號 28

1. 銀髮六十樂逍遙	多湖輝著	170 元
2. 人生六十反年輕	多湖輝著	170 元
3. 六十歲的決斷	多湖輝著	170 元
4. 銀髮族健身指南	孫瑞台編著	250 元

・飲 食 保 健・電腦編號 29

1. 自己製作健康茶	大海淳著	220 元
2. 好吃、具藥效茶料理	德永睦子著	220 元
3. 改善慢性病健康藥草茶	吳秋嬌譯	200 元
4. 藥酒與健康果菜汁	成玉編著	250 元
5. 家庭保健養生湯	馬汴梁編著	220 元
6. 降低膽固醇的飲食	早川和志著	200 元
7. 女性癌症的飲食	女子營養大學	280 元
8. 痛風者的飲食	女子營養大學	280 元
9. 貧血者的飲食	女子營養大學	280 元
10. 高脂血症者的飲食	女子營養大學	280 元
11. 男性癌症的飲食	女子營養大學	280 元
12. 過敏者的飲食	女子營養大學	280 元
13. 心臟病的飲食	女子營養大學	280 元
14. 滋陰壯陽的飲食	王增著	220 元

・家庭醫學保健・電腦編號 30

1. 女性醫學大全	雨森良彥著	380 元
2. 初為人父育兒寶典	小瀧周曹著	220 元
3. 性活力強健法	相建華著	220 元
4. 30 歲以上的懷孕與生產	李芳黛編著	220 元
5. 舒適的女性更年期	野末悅子著	200 元
6. 夫妻前戲的技巧	笠井寬司著	200 元
7. 病理足穴按摩	金慧明著	220 元
8. 爸爸的更年期	河野孝旺著	200 元
9. 橡皮帶健康法	山田晶著	180 元
10. 三十三天健美減肥	相建華等著	180 元

11. 男性健美入門	孫玉祿編著	180 元
12. 強化肝臟秘訣	主婦の友社編	200 元
13. 了解藥物副作用	張果馨譯	200 元
14. 女性醫學小百科	松山榮吉著	200 元
15. 左轉健康法	龜田修等著	200 元
16. 實用天然藥物	鄭炳全編著	260 元
17. 神秘無痛平衡療法	林宗駛著	180 元
18. 膝蓋健康法	張果馨譯	180 元
19. 針灸治百病	葛書翰著	250 元
20. 異位性皮膚炎治癒法	吳秋嬌譯	220 元
21. 禿髮白髮預防與治療	陳炳崑編著	180 元
22. 埃及皇宮菜健康法	飯森薰著	200 元
23. 肝臟病安心治療	上野幸久著	220 元
24. 耳穴治百病	陳抗美等著	250 元
25. 高效果指壓法	五十嵐康彥著	200 元
26. 瘦水、胖水	鈴木園子著	200 元
27. 手針新療法	朱振華著	200 元
28. 香港腳預防與治療	劉小惠譯	200 元
29. 智慧飲食吃出健康	柯富陽編著	200 元
30. 牙齒保健法	廖玉山編著	200 元
31. 恢復元氣養生食	張果馨譯	200 元
32. 特效推拿按摩術	李玉田著	200 元
33. 一週一次健康法	若狹真著	200 元
34. 家常科學膳食	大塚滋著	220 元
35. 夫妻們關心的男性不孕	原利夫著	220 元
36. 自我瘦身美容	馬野詠子著	200 元
37. 魔法姿勢益健康	五十嵐康彥著	200 元
38. 眼病錘療法	馬栩周著	200 元
39. 預防骨質疏鬆症	藤田拓男著	200 元
40. 骨質增生效驗方	李吉茂編著	250 元
41. 蔬菜健康法	小林正夫著	200 元
42. 赧於啟齒的男性煩惱	增田豐著	220 元
43. 簡易自我健康檢查	稻葉允著	250 元
44. 實用花草健康法	友田純子著	200 元
45. 神奇的手掌療法	日比野喬著	230 元
46. 家庭式三大穴道療法	刑部忠和著	200 元
47. 子宮癌、卵巢癌	岡島弘幸著	220 元
48. 糖尿病機能性食品	劉雪卿編著	220 元
49. 奇蹟活現經脈美容法	林振輝編譯	200 元
50. Super SEX	秋好憲一著	220 元
51. 了解避孕丸	林玉佩譯	200 元

・超經營新智慧・電腦編號 31

	書名	作者	定價
1.	躍動的國家越南	林雅倩譯	250 元
2.	甦醒的小龍菲律賓	林雅倩譯	220 元
3.	中國的危機與商機	中江要介著	250 元
4.	在印度的成功智慧	山內利男著	220 元
5.	7-ELEVEN 大革命	村上豐道著	200 元
6.	業務員成功秘方	呂育清編著	200 元

・心 靈 雅 集・電腦編號 00

	書名	作者	定價
1.	禪言佛語看人生	松濤弘道著	180 元
2.	禪密教的奧秘	葉逯謙譯	120 元
3.	觀音大法力	田口日勝著	120 元
4.	觀音法力的大功德	田口日勝著	120 元
5.	達摩禪 106 智慧	劉華亭編譯	220 元
6.	有趣的佛教研究	葉逯謙編譯	170 元
7.	夢的開運法	蕭京凌譯	130 元
8.	禪學智慧	柯素娥編譯	130 元
9.	女性佛教入門	許俐萍譯	110 元
10.	佛像小百科	心靈雅集編譯組	130 元
11.	佛教小百科趣談	心靈雅集編譯組	120 元
12.	佛教小百科漫談	心靈雅集編譯組	150 元
13.	佛教知識小百科	心靈雅集編譯組	150 元
14.	佛學名言智慧	松濤弘道著	220 元
15.	釋迦名言智慧	松濤弘道著	220 元
16.	活人禪	平田精耕著	120 元
17.	坐禪入門	柯素娥編譯	150 元
18.	現代禪悟	柯素娥編譯	130 元
19.	道元禪師語錄	心靈雅集編譯組	130 元
20.	佛學經典指南	心靈雅集編譯組	130 元
21.	何謂「生」阿含經	心靈雅集編譯組	150 元
22.	一切皆空 般若心經	心靈雅集編譯組	180 元
23.	超越迷惘 法句經	心靈雅集編譯組	130 元
24.	開拓宇宙觀 華嚴經	心靈雅集編譯組	180 元
25.	真實之道 法華經	心靈雅集編譯組	130 元
26.	自由自在 涅槃經	心靈雅集編譯組	130 元
27.	沈默的教示 維摩經	心靈雅集編譯組	150 元
28.	開通心眼 佛語佛戒	心靈雅集編譯組	130 元
29.	揭秘寶庫 密教經典	心靈雅集編譯組	180 元
30.	坐禪與養生	廖松濤譯	110 元
31.	釋尊十戒	柯素娥編譯	120 元
32.	佛法與神通	劉欣如編著	120 元

33. 悟（正法眼藏的世界）	柯素娥編譯	120 元
34. 只管打坐	劉欣如編著	120 元
35. 喬答摩・佛陀傳	劉欣如編著	120 元
36. 唐玄奘留學記	劉欣如編著	120 元
37. 佛教的人生觀	劉欣如編譯	110 元
38. 無門關(上卷)	心靈雅集編譯組	150 元
39. 無門關(下卷)	心靈雅集編譯組	150 元
40. 業的思想	劉欣如編著	130 元
41. 佛法難學嗎	劉欣如著	140 元
42. 佛法實用嗎	劉欣如著	140 元
43. 佛法殊勝嗎	劉欣如著	140 元
44. 因果報應法則	李常傳編	180 元
45. 佛教醫學的奧秘	劉欣如編著	150 元
46. 紅塵絕唱	海　若著	130 元
47. 佛教生活風情	洪丕謨、姜玉珍著	220 元
48. 行住坐臥有佛法	劉欣如著	160 元
49. 起心動念是佛法	劉欣如著	160 元
50. 四字禪語	曹洞宗青年會	200 元
51. 妙法蓮華經	劉欣如編著	160 元
52. 根本佛教與大乘佛教	葉作森編	180 元
53. 大乘佛經	定方晟著	180 元
54. 須彌山與極樂世界	定方晟著	180 元
55. 阿闍世的悟道	定方晟著	180 元
56. 金剛經的生活智慧	劉欣如著	180 元
57. 佛教與儒教	劉欣如編譯	180 元
58. 佛教史入門	劉欣如編譯	180 元
59. 印度佛教思想史	劉欣如編譯	200 元
60. 佛教與女姓	劉欣如編譯	180 元
61. 禪與人生	洪丕謨主編	260 元

・經 營 管 理・電腦編號 01

◎ 創新經營管理六十六大計(精)	蔡弘文編	780 元
1. 如何獲取生意情報	蘇燕謀譯	110 元
2. 經濟常識問答	蘇燕謀譯	130 元
4. 台灣商戰風雲錄	陳中雄著	120 元
5. 推銷大王秘錄	原一平著	180 元
6. 新創意・賺大錢	王家成譯	90 元
7. 工廠管理新手法	琪　輝著	120 元
10. 美國實業 24 小時	柯順隆譯	80 元
11. 撼動人心的推銷法	原一平著	150 元
12. 高竿經營法	蔡弘文編	120 元
13. 如何掌握顧客	柯順隆譯	150 元
17. 一流的管理	蔡弘文編	150 元

18. 外國人看中韓經濟　劉華亭譯　150元
20. 突破商場人際學　林振輝編著　90元
22. 如何使女人打開錢包　林振輝編著　100元
24. 小公司經營策略　王嘉誠著　160元
25. 成功的會議技巧　鐘文訓編譯　100元
26. 新時代老闆學　黃柏松編著　100元
27. 如何創造商場智囊團　林振輝編譯　150元
28. 十分鐘推銷術　林振輝編譯　180元
29. 五分鐘育才　黃柏松編譯　100元
33. 自我經濟學　廖松濤編譯　100元
34. 一流的經營　陶田生編著　120元
35. 女性職員管理術　王昭國編譯　120元
36. ＩＢＭ的人事管理　鐘文訓編譯　150元
37. 現代電腦常識　王昭國編譯　150元
38. 電腦管理的危機　鐘文訓編譯　120元
39. 如何發揮廣告效果　王昭國編譯　150元
40. 最新管理技巧　王昭國編譯　150元
41. 一流推銷術　廖松濤編譯　150元
42. 包裝與促銷技巧　王昭國編譯　130元
43. 企業王國指揮塔　松下幸之助著　120元
44. 企業精銳兵團　松下幸之助著　120元
45. 企業人事管理　松下幸之助著　100元
46. 華僑經商致富術　廖松濤編譯　130元
47. 豐田式銷售技巧　廖松濤編譯　180元
48. 如何掌握銷售技巧　王昭國編著　130元
50. 洞燭機先的經營　鐘文訓編譯　150元
52. 新世紀的服務業　鐘文訓編譯　100元
53. 成功的領導者　廖松濤編譯　120元
54. 女推銷員成功術　李玉瓊編譯　130元
55. ＩＢＭ人才培育術　鐘文訓編譯　100元
56. 企業人自我突破法　黃琪輝編著　150元
58. 財富開發術　蔡弘文編著　130元
59. 成功的店舖設計　鐘文訓編著　150元
61. 企管回春法　蔡弘文編著　130元
62. 小企業經營指南　鐘文訓編譯　100元
63. 商場致勝名言　鐘文訓編譯　150元
64. 迎接商業新時代　廖松濤編譯　100元
66. 新手股票投資入門　何朝乾編著　200元
67. 上揚股與下跌股　何朝乾編譯　180元
68. 股票速成學　何朝乾編譯　200元
69. 理財與股票投資策略　黃俊豪編著　180元
70. 黃金投資策略　黃俊豪編著　180元
71. 厚黑管理學　廖松濤編譯　180元
72. 股市致勝格言　呂梅莎編譯　180元

73. 透視西武集團	林谷燁編譯	150 元
76. 巡迴行銷術	陳蒼杰譯	150 元
77. 推銷的魔術	王嘉誠譯	120 元
78. 60 秒指導部屬	周蓮芬編譯	150 元
79. 精銳女推銷員特訓	李玉瓊編譯	130 元
80. 企劃、提案、報告圖表的技巧	鄭汶譯	180 元
81. 海外不動產投資	許達守編譯	150 元
82. 八百伴的世界策略	李玉瓊譯	150 元
83. 服務業品質管理	吳宜芬譯	180 元
84. 零庫存銷售	黃東謙編譯	150 元
85. 三分鐘推銷管理	劉名揚編譯	150 元
86. 推銷大王奮鬥史	原一平著	150 元
87. 豐田汽車的生產管理	林谷燁編譯	150 元

・成 功 寶 庫・電腦編號 02

1. 上班族交際術	江森滋著	100 元
2. 拍馬屁訣竅	廖玉山編譯	110 元
4. 聽話的藝術	歐陽輝編譯	110 元
9. 求職轉業成功術	陳義編著	110 元
10. 上班族禮儀	廖玉山編著	120 元
11. 接近心理學	李玉瓊編著	100 元
12. 創造自信的新人生	廖松濤編著	120 元
15. 神奇瞬間瞑想法	廖松濤編譯	100 元
16. 人生成功之鑰	楊意苓編著	150 元
19. 給企業人的諍言	鐘文訓編著	120 元
20. 企業家自律訓練法	陳義編譯	100 元
21. 上班族妖怪學	廖松濤編著	100 元
22. 猶太人縱橫世界的奇蹟	孟佑政編著	110 元
25. 你是上班族中強者	嚴思圖編著	100 元
30. 成功頓悟 100 則	蕭京凌編譯	130 元
32. 知性幽默	李玉瓊編譯	130 元
33. 熟記對方絕招	黃靜香編譯	100 元
37. 察言觀色的技巧	劉華亭編著	180 元
38. 一流領導力	施義彥編譯	120 元
40. 30 秒鐘推銷術	廖松濤編譯	150 元
41. 猶太成功商法	周蓮芬編譯	120 元
42. 尖端時代行銷策略	陳蒼杰編著	100 元
43. 顧客管理學	廖松濤編著	100 元
44. 如何使對方說 Yes	程羲編著	150 元
47. 上班族口才學	楊鴻儒譯	120 元
48. 上班族新鮮人須知	程羲編著	120 元
49. 如何左右逢源	程羲編著	130 元
50. 語言的心理戰	多湖輝著	130 元

55. 性惡企業管理學　陳蒼杰譯　130元
56. 自我啟發200招　楊鴻儒編著　150元
57. 做個傑出女職員　劉名揚編著　130元
58. 靈活的集團營運術　楊鴻儒編著　120元
60. 個案研究活用法　楊鴻儒編著　130元
61. 企業教育訓練遊戲　楊鴻儒編著　120元
62. 管理者的智慧　程義編譯　130元
63. 做個佼佼管理者　馬筱莉編譯　130元
67. 活用禪學於企業　柯素娥編譯　130元
69. 幽默詭辯術　廖玉山編譯　150元
70. 拿破崙智慧箴言　柯素娥編譯　130元
71. 自我培育・超越　蕭京凌編譯　150元
74. 時間即一切　沈永嘉編譯　130元
75. 自我脫胎換骨　柯素娥譯　150元
76. 贏在起跑點　人才培育鐵則　楊鴻儒編譯　150元
77. 做一枚活棋　李玉瓊編譯　130元
78. 面試成功戰略　柯素娥編譯　130元
81. 瞬間攻破心防法　廖玉山編譯　120元
82. 改變一生的名言　李玉瓊編譯　130元
83. 性格性向創前程　楊鴻儒編譯　130元
84. 訪問行銷新竅門　廖玉山編譯　150元
85. 無所不達的推銷話術　李玉瓊編譯　150元

・處　世　智　慧・電腦編號03

1. 如何改變你自己　陸明編譯　120元
6. 靈感成功術　譚繼山編譯　80元
8. 扭轉一生的五分鐘　黃柏松編譯　100元
10. 現代人的詭計　林振輝譯　100元
13. 口才必勝術　黃柏松編譯　120元
14. 女性的智慧　譚繼山編譯　90元
16. 人生的體驗　陸明編譯　80元
18. 幽默吹牛術　金子登著　90元
19. 攻心說服術　多湖輝著　100元
24. 慧心良言　亦奇著　80元
25. 名家慧語　蔡逸鴻主編　90元
28. 如何發揮你的潛能　陸明編譯　90元
29. 女人身態語言學　李常傳譯　130元
30. 摸透女人心　張文志譯　90元
32. 給女人的悄悄話　妮倩編譯　90元
34. 如何開拓快樂人生　陸明編譯　90元
36. 成功的捷徑　鐘文訓譯　70元
37. 幽默逗笑術　林振輝著　120元
38. 活用血型讀書法　陳炳崑譯　80元

39. 心　燈	葉于模著	100 元
40. 當心受騙	林顯茂譯	90 元
41. 心・體・命運	蘇燕謀譯	70 元
43. 宮本武藏五輪書金言錄	宮本武藏著	100 元
47. 成熟的愛	林振輝譯	120 元
48. 現代女性駕馭術	蔡德華著	90 元
49. 禁忌遊戲	酒井潔著	90 元
52. 摸透男人心	劉華亭編譯	80 元
53. 如何達成願望	謝世輝著	90 元
54. 創造奇蹟的「想念法」	謝世輝著	90 元
55. 創造成功奇蹟	謝世輝著	90 元
57. 幻想與成功	廖松濤譯	80 元
58. 反派角色的啟示	廖松濤編譯	70 元
59. 現代女性須知	劉華亭編著	75 元
62. 如何突破內向	姜倩怡編譯	110 元
64. 讀心術入門	王家成編譯	100 元
65. 如何解除內心壓力	林美羽編著	110 元
66. 取信於人的技巧	多湖輝著	110 元
68. 自我能力的開拓	卓一凡編著	110 元
70. 縱橫交涉術	嚴思圖編著	90 元
71. 如何培養妳的魅力	劉文珊編著	90 元
75. 個性膽怯者的成功術	廖松濤編譯	100 元
76. 人性的光輝	文可式編著	90 元
79. 培養靈敏頭腦秘訣	廖玉山編著	90 元
80. 夜晚心理術	鄭秀美編譯	80 元
81. 如何做個成熟的女性	李玉瓊編著	80 元
82. 現代女性成功術	劉文珊編著	90 元
83. 成功說話技巧	梁惠珠編譯	100 元
84. 人生的真諦	鐘文訓編譯	100 元
85. 妳是人見人愛的女孩	廖松濤編著	120 元
87. 指尖・頭腦體操	蕭京凌編譯	90 元
88. 電話應對禮儀	蕭京凌編著	120 元
89. 自我表現的威力	廖松濤編譯	100 元
90. 名人名語啟示錄	喬家楓編著	100 元
91. 男與女的哲思	程鐘梅編譯	110 元
92. 靈思慧語	牧風著	110 元
93. 心靈夜語	牧風著	100 元
94. 激盪腦力訓練	廖松濤編譯	100 元
95. 三分鐘頭腦活性法	廖玉山編譯	110 元
96. 星期一的智慧	廖玉山編譯	100 元
97. 溝通說服術	賴文琇編譯	100 元

·健康與美容· 電腦編號 04

3.	媚酒傳(中國王朝秘酒)	陸明主編	120元
5.	中國回春健康術	蔡一藩著	100元
6.	奇蹟的斷食療法	蘇燕謀譯	130元
8.	健美食物法	陳炳崑譯	120元
9.	驚異的漢方療法	唐龍編著	90元
10.	不老強精食	唐龍編著	100元
12.	五分鐘跳繩健身法	蘇明達譯	100元
13.	睡眠健康法	王家成譯	80元
14.	你就是名醫	張芳明譯	90元
19.	釋迦長壽健康法	譚繼山譯	90元
20.	腳部按摩健康法	譚繼山譯	120元
21.	自律健康法	蘇明達譯	90元
23.	身心保健座右銘	張仁福著	160元
24.	腦中風家庭看護與運動治療	林振輝譯	100元
25.	秘傳醫學人相術	成玉主編	120元
26.	導引術入門(1)治療慢性病	成玉主編	110元
27.	導引術入門(2)健康・美容	成玉主編	110元
28.	導引術入門(3)身心健康法	成玉主編	110元
29.	妙用靈藥・蘆薈	李常傳譯	150元
30.	萬病回春百科	吳通華著	150元
31.	初次懷孕的10個月	成玉編譯	130元
32.	中國秘傳氣功治百病	陳炳崑編譯	130元
35.	仙人長生不老學	陸明編譯	100元
36.	釋迦秘傳米粒刺激法	鐘文訓譯	120元
37.	痔・治療與預防	陸明編譯	130元
38.	自我防身絕技	陳炳崑編譯	120元
39.	運動不足時疲勞消除法	廖松濤譯	110元
40.	三溫暖健康法	鐘文訓編譯	90元
43.	維他命與健康	鐘文訓譯	150元
45.	森林浴—綠的健康法	劉華亭編譯	80元
47.	導引術入門(4)酒浴健康法	成玉主編	90元
48.	導引術入門(5)不老回春法	成玉主編	90元
49.	山白竹(劍竹)健康法	鐘文訓譯	90元
50.	解救你的心臟	鐘文訓編譯	100元
52.	超人氣功法	陸明編譯	110元
54.	借力的奇蹟(1)	力拔山著	100元
55.	借力的奇蹟(2)	力拔山著	100元
56.	五分鐘小睡健康法	呂添發撰	120元
59.	艾草健康法	張汝明編譯	90元
60.	一分鐘健康診斷	蕭京凌編譯	90元
61.	念術入門	黃靜香編譯	90元

62. 念術健康法	黃靜香編譯	90元
63. 健身回春法	梁惠珠編譯	100元
64. 姿勢養生法	黃秀娟編譯	90元
65. 仙人瞑想法	鐘文訓譯	120元
66. 人蔘的神效	林慶旺譯	100元
67. 奇穴治百病	吳通華著	120元
68. 中國傳統健康法	靳海東著	100元
71. 酵素健康法	楊皓編譯	120元
73. 腰痛預防與治療	五味雅吉著	130元
74. 如何預防心臟病・腦中風	譚定長等著	100元
75. 少女的生理秘密	蕭京凌譯	120元
76. 頭部按摩與針灸	楊鴻儒譯	100元
77. 雙極療術入門	林聖道著	100元
78. 氣功自療法	梁景蓮著	120元
79. 大蒜健康法	李玉瓊編譯	120元
81. 健胸美容秘訣	黃靜香譯	120元
82. 鍺奇蹟療效	林宏儒譯	120元
83. 三分鐘健身運動	廖玉山譯	120元
84. 尿療法的奇蹟	廖玉山譯	120元
85. 神奇的聚積療法	廖玉山譯	120元
86. 預防運動傷害伸展體操	楊鴻儒編譯	120元
88. 五日就能改變你	柯素娥譯	110元
89. 三分鐘氣功健康法	陳美華譯	120元
91. 道家氣功術	早島正雄著	130元
92. 氣功減肥術	早島正雄著	120元
93. 超能力氣功法	柯素娥譯	130元
94. 氣的瞑想法	早島正雄著	120元

・家　庭／生　活・電腦編號 05

1. 單身女郎生活經驗談	廖玉山編著	100元
2. 血型・人際關係	黃靜編著	120元
3. 血型・妻子	黃靜編著	110元
4. 血型・丈夫	廖玉山編譯	130元
5. 血型・升學考試	沈永嘉編譯	120元
6. 血型・臉型・愛情	鐘文訓編譯	120元
7. 現代社交須知	廖松濤編譯	100元
8. 簡易家庭按摩	鐘文訓編譯	150元
9. 圖解家庭看護	廖玉山編譯	120元
10. 生男育女隨心所欲	岡正基編著	160元
11. 家庭急救治療法	鐘文訓編著	100元
12. 新孕婦體操	林曉鐘譯	120元
13. 從食物改變個性	廖玉山編譯	100元
14. 藥草的自然療法	東城百合子著	200元

15. 糙米菜食與健康料理	東城百合子著	180 元
16. 現代人的婚姻危機	黃靜編著	90 元
17. 親子遊戲　0 歲	林慶旺編譯	100 元
18. 親子遊戲　1～2 歲	林慶旺編譯	110 元
19. 親子遊戲　3 歲	林慶旺編譯	100 元
20. 女性醫學新知	林曉鐘編譯	180 元
21. 媽媽與嬰兒	張汝明編譯	180 元
22. 生活智慧百科	黃靜編譯	100 元
23. 手相・健康・你	林曉鐘編譯	120 元
24. 菜食與健康	張汝明編譯	110 元
25. 家庭素食料理	陳東達著	140 元
26. 性能力活用秘法	米開・尼里著	150 元
27. 兩性之間	林慶旺編譯	120 元
28. 性感經穴健康法	蕭京凌編譯	150 元
29. 幼兒推拿健康法	蕭京凌編譯	100 元
30. 談中國料理	丁秀山編著	100 元
31. 舌技入門	增田豐著	160 元
32. 預防癌症的飲食法	黃靜香編譯	150 元
33. 性與健康寶典	黃靜香編譯	180 元
34. 正確避孕法	蕭京凌編譯	180 元
35. 吃的更漂亮美容食譜	楊萬里著	120 元
36. 圖解交際舞速成	鐘文訓編譯	150 元
37. 觀相導引術	沈永嘉譯	130 元
38. 初為人母 12 個月	陳義譯	180 元
39. 圖解麻將入門	顧安行編譯	180 元
40. 麻將必勝秘訣	石利夫編譯	180 元
41. 女性一生與漢方	蕭京凌編譯	100 元
42. 家電的使用與修護	鐘文訓編譯	160 元
43. 錯誤的家庭醫療法	鐘文訓編譯	100 元
44. 簡易防身術	陳慧珍編譯	150 元
45. 茶健康法	鐘文訓編譯	130 元
46. 雞尾酒大全	劉雪卿譯	180 元
47. 生活的藝術	沈永嘉編著	120 元
48. 雜草雜果健康法	沈永嘉編著	120 元
49. 如何選擇理想妻子	荒谷慈著	110 元
50. 如何選擇理想丈夫	荒谷慈著	110 元
51. 中國食與性的智慧	根本光人著	150 元
52. 開運法話	陳宏男譯	100 元
53. 禪語經典＜上＞	平田精耕著	150 元
54. 禪語經典＜下＞	平田精耕著	150 元
55. 手掌按摩健康法	鐘文訓譯	180 元
56. 腳底按摩健康法	鐘文訓譯	180 元
57. 仙道運氣健身法	李玉瓊譯	150 元
58. 健心、健體呼吸法	蕭京凌譯	120 元

59. 自彊術入門	蕭京凌譯	120 元
60. 指技入門	增田豐著	160 元
61. 下半身鍛鍊法	增田豐著	180 元
62. 表象式學舞法	黃靜香編譯	180 元
63. 圖解家庭瑜伽	鐘文訓譯	130 元
64. 食物治療寶典	黃靜香編譯	130 元
65. 智障兒保育入門	楊鴻儒譯	130 元
66. 自閉兒童指導入門	楊鴻儒譯	180 元
67. 乳癌發現與治療	黃靜香譯	130 元
68. 盆栽培養與欣賞	廖啟新編譯	180 元
69. 世界手語入門	蕭京凌編譯	180 元
70. 賽馬必勝法	李錦雀編譯	200 元
71. 中藥健康粥	蕭京凌編譯	120 元
72. 健康食品指南	劉文珊編譯	130 元
73. 健康長壽飲食法	鐘文訓編譯	150 元
74. 夜生活規則	增田豐著	160 元
75. 自製家庭食品	鐘文訓編譯	200 元
76. 仙道帝王招財術	廖玉山譯	130 元
77. 「氣」的蓄財術	劉名揚譯	130 元
78. 佛教健康法入門	劉名揚譯	130 元
79. 男女健康醫學	郭汝蘭譯	150 元
80. 成功的果樹培育法	張煌編譯	130 元
81. 實用家庭菜園	孔翔儀編譯	130 元
82. 氣與中國飲食法	柯素娥編譯	130 元
83. 世界生活趣譚	林其英著	160 元
84. 胎教二八〇天	鄭淑美譯	220 元
85. 酒自己動手釀	柯素娥編著	160 元
86. 自己動「手」健康法	劉雪卿譯	160 元
87. 香味活用法	森田洋子著	160 元
88. 寰宇趣聞搜奇	林其英著	200 元
89. 手指回旋健康法	栗田昌裕著	200 元
90. 家庭巧妙收藏	蘇秀玉譯	200 元
91. 餐桌禮儀入門	風間璋子著	200 元
92. 住宅設計要訣	吉田春美著	200 元

・命理與預言・電腦編號 06

1. 12 星座算命術	訪星珠著	200 元
2. 中國式面相學入門	蕭京凌編著	180 元
3. 圖解命運學	陸明編著	200 元
4. 中國秘傳面相術	陳炳崑編著	180 元
5. 13 星座占星術	馬克・矢崎著	200 元
6. 命名彙典	水雲居士編著	180 元
7. 簡明紫微斗術命運學	唐龍編著	220 元

8. 住宅風水吉凶判斷法 琪輝編譯 180元
9. 鬼谷算命秘術 鬼谷子著 200元
10. 密教開運咒法 中岡俊哉著 250元
11. 女性星魂術 岩滿羅門著 200元
12. 簡明四柱推命學 李常傳編譯 150元
13. 手相鑑定奧秘 高山東明著 200元
14. 簡易精確手相 高山東明著 200元
15. 13星座戀愛占卜 彤雲編譯組 200元
16. 女巫的咒法 柯素娥譯 230元
17. 六星命運占卜學 馬文莉編著 230元
18. 樸克牌占卜入門 王家成譯 100元
19. A血型與十二生肖 鄒雲英編譯 90元
20. B血型與十二生肖 鄒雲英編譯 90元
21. O血型與十二生肖 鄒雲英編譯 100元
22. AB血型與十二生肖 鄒雲英編譯 90元
23. 筆跡占卜學 周子敬著 220元
24. 神秘消失的人類 林達中譯 80元
25. 世界之謎與怪談 陳炳崑譯 80元
26. 符咒術入門 柳玉山人編 150元
27. 神奇的白符咒 柳玉山人編 160元
28. 神奇的紫等咒 柳玉山人編 200元
29. 秘咒魔法開運術 吳慧鈴編譯 180元
30. 諾米空秘咒法 馬克・矢崎編著 220元
31. 改變命運的手相術 鐘文訓著 120元
32. 黃帝手相占術 鮑黎明著 230元
33. 惡魔的咒法 杜美芳譯 230元
34. 腳相開運術 王瑞禎譯 130元
35. 面相開運術 許麗玲譯 150元
36. 房屋風水與運勢 邱震睿編譯 200元
37. 商店風水與運勢 邱震睿編譯 200元
38. 諸葛流天文遁甲 巫立華譯 150元
39. 聖帝五龍占術 廖玉山譯 180元
40. 萬能神算 張助馨編著 120元
41. 神祕的前世占卜 劉名揚譯 150元
42. 諸葛流奇門遁甲 巫立華譯 150元
43. 諸葛流四柱推命 巫立華譯 180元
44. 室內擺設創好運 小林祥晃著 200元
45. 室內裝潢開運法 小林祥晃著 230元
46. 新・大開運吉方位 小林祥晃著 200元
47. 風水的奧義 小林祥晃著 200元
48. 開運風水收藏術 小林祥晃著 200元
49. 商場開運風水術 小林祥晃著 200元
50. 骰子開運易占 立野清隆著 250元
51. 四柱推命愛情運 李芳黛譯 220元

52. 風水開運飲食法　小林祥晃著　200 元
53. 最新簡易手相　小林八重子著　220 元
54. 最新占術大全　高平鳴海著　300 元

・教養特輯・電腦編號 07

1. 管教子女絕招　多湖輝著　70 元
5. 如何教育幼兒　林振輝譯　80 元
7. 關心孩子的眼睛　陸明編　70 元
8. 如何生育優秀下一代　邱夢蕾編著　100 元
10. 現代育兒指南　劉華亭編譯　90 元
12. 如何培養自立的下一代　黃靜香編譯　80 元
14. 教養孩子的母親暗示法　多湖輝編譯　80 元
15. 奇蹟教養法　鐘文訓編譯　90 元
16. 慈父嚴母的時代　多湖輝著　90 元
17. 如何發現問題兒童的才智　林慶旺譯　100 元
18. 再見！夜尿症　黃靜香編譯　90 元
19. 育兒新智慧　黃靜編譯　90 元
20. 長子培育術　劉華亭編譯　80 元
21. 親子運動遊戲　蕭京凌編譯　90 元
22. 一分鐘刺激會話法　鐘文訓編著　90 元
23. 啟發孩子讀書的興趣　李玉瓊編著　100 元
24. 如何使孩子更聰明　黃靜編著　100 元
25. ３・４歲育兒寶典　黃靜香編譯　100 元
26. 一對一教育法　林振輝編譯　100 元
27. 母親的七大過失　鐘文訓編譯　100 元
28. 幼兒才能開發測驗　蕭京凌編譯　100 元
29. 教養孩子的智慧之眼　黃靜香編譯　100 元
30. 如何創造天才兒童　林振輝編譯　90 元
31. 如何使孩子數學滿點　林明嬋編著　100 元

・消遣特輯・電腦編號 08

1. 小動物飼養秘訣　徐道政譯　120 元
2. 狗的飼養與訓練　張文志譯　130 元
4. 鴿的飼養與訓練　林振輝譯　120 元
5. 金魚飼養法　鐘文訓編譯　130 元
6. 熱帶魚飼養法　鐘文訓編譯　180 元
8. 妙事多多　金家驊編譯　80 元
9. 有趣的性知識　蘇燕謀編譯　100 元
11. 100 種小鳥養育法　譚繼山編譯　200 元
12. 樸克牌遊戲與贏牌秘訣　林振輝編譯　120 元
13. 遊戲與餘興節目　廖松濤編著　100 元

國家圖書館出版品預行編目資料

性的漫談／蘇燕謀編著
－初版－臺北市，大展，民 87
面；21 公分－（青春天地；37）
ISBN 957-557-879-1（平裝）
1. 性（生物學） 2. 性生理

363.38 87012968

性的漫談 ISBN 957-557-879-1

編 著 者／蘇 燕 謀
發 行 人／蔡 森 明
出 版 者／大展出版社有限公司
社 址／台北市北投區（石牌）致遠一路 2 段 12 巷 1 號
電 話／(02) 28236031・28236033
傳 真／(02) 28272069
郵政劃撥／0166955—1
登 記 證／局版臺業字第 2171 號
承 印 者／國順圖書印刷公司
裝 訂／日新裝訂所
排 版 者／千兵企業有限公司
電 話／(02) 28812643
初版1刷／1998 年（民 87 年）11 月

定 價／180 元

大展好書 好書大展